心理师手记

广思 著

重庆出版集团 重庆出版社

图书在版编目（CIP）数据

心理师手记 / 广思著 . — 重庆：重庆出版社，2022.12
ISBN 978-7-229-17202-2

Ⅰ. ①心… Ⅱ. ①广… Ⅲ. ①心理咨询－案例 Ⅳ. ① B849.1

中国版本图书馆 CIP 数据核字（2022）第 208501 号

心理师手记
XINLISHI SHOUJI
广思 著

责任编辑：钟丽娟
责任校对：李春燕
装帧设计：主语设计

 重庆出版集团
重庆出版社 出版

重庆市南岸区南滨路 162 号 1 幢　邮政编码：400061　http://www.cqph.com
上海牧神文化传媒有限公司制版
上海盛通时代印刷有限公司印刷
重庆出版集团图书发行有限公司发行
E-MAIL:fxchu@cqph.com　邮购电话：023-61520546

全国新华书店经销

开本：890mm×1240mm　1/32　印张：10　字数：205 千
2022 年 12 月第 1 版　2022 年 12 月第 1 次印刷
ISBN 978-7-229-17202-2
定价：58.00 元

如有印装质量问题，请向本集团图书发行有限公司调换：023-61520678

版权所有　侵权必究

前言

冲突、欲望、假性逻辑,这三者在潜意识里以各种形式组合,构成了各种心理问题。而心理师则是帮助当事人看透真相的存在。

在做心理咨询师的这些年,我遇到无数堪称"奇崛"的案例。或许我并不特殊,但我的很多前同事,都被伤脑筋的来访者折磨得离开了这个行业,而我至今依旧浸淫其中,于是便有了这本案例集,堪称《心理世界奇妙物语》。从某个角度说,我的工作和捉妖师非常相似——妖魔到处都有,在人心里。没被妖魔吃掉的我,不能说是最强的,但也算是幸运的。

当然,每个心理师对案例都有自己的看法,因为他们的理论前提不同。就像爱因斯坦所说:"理论决定了你能观察到什么。"在古代,世界各地的人们都经常看到神迹,而近现代神迹却销声匿迹,因为人们的前提假设发生了变化。而假设的漏洞,则推动人类不断有了新的假设。例如,精神病在古代被认为是恶魔附身的结果,东西方古代都有专门用来驱除心魔的工作人员存在：如中国古代的某些方士、欧洲的驱魔人、非洲的部落大祭司、日本的阴阳师等，他们会通过一些咒术、仪式化的舞蹈等，来"赶走"附在病人身上的魔鬼。但这些仪式很多时候并不管用，于是就有人提出了新的观点，例如假设精神病是体液不平衡、大脑损伤等造成的。至于最早的理论如何产生，那只能来自于对自身和熟悉事物（甚至是不必观察的自发性本能）最直观的归纳。时间进入现代后，越来越多的学科都可以和心理学挂钩，如进化、基因、生理、社会、玄学等，都在影响着心理学。我作为心理师，也在不断学习，以应对将来可能出现的更神奇的案例。

最后要说的是，我在咨询时的操作并不是唯一解，也可能有不妥之处，欢迎同行们指正、交流，同时也诚挚希望大家能把最难搞的问题推送给我，谢谢！

目录

前言 1

Case 1：幻人内心世界的人造人 1

Case 2：自恋人格——百年一遇小仙女 21

Case 3：角色认同——请不要歧视我 45

Case 4：疑性恋——我是男青年还是女青年？ 67

Case 5：代理性吹牛大王综合征——我的问题就是她的问题 85

Case 6：心理测试——面容相同的来访者 109

Case 7：分离个体化——孩子，你"没有"被性侵 131

Case 8：恐怖症——我不敢出现在自习室 151

Case 9：非理性尴尬——不能联系的"终身挚爱" 179

Case 10：赘述症——我真是太容易对人感兴趣了 ··············207

Case 11：纸性恋——把自己献给"神"的姑娘 ··················231

Case 12：自杀冲动——当场开枪，害不害怕？ ················257

Case 13：木僵——失去意识的女孩 ······························281

后记：心理学的江湖中人 ···307

Case 1：
幻人内心世界的人造人

法国著名女探险家亚历山大莉娅·大卫·妮尔（Alexandra David-Neel，1868—1969），她曾经在东方各国旅行多年，1954年出版《西藏的奥义与秘术》，提到了这种"透过强力的专注意念创造出来的魔法产物——幻人"。

亚历山大莉娅·大卫·妮尔生活在一个宗教观念非常强的家庭，15岁的时候就开始进行禁食、自我鞭笞之类的苦行，四十岁以后离婚，开始前往东方各国探险，她是首个进入西藏的欧洲女性。在西藏，她成功地通过自己的意识"制造"出了一个幻人，但又失去了对他的控制，最终她在僧侣们的帮助下，"收回"了这个幻人。

某日，一个穿着黑衣服的孩子就在门口探头探脑，然后悄无声息地进来了，他的样子就像一只头一次来到这个房间的猫。

我示意他坐下来，他照做了，我开始发出灵魂拷问："你是男孩还是女孩？"

这孩子说："我是女孩，今年15岁。"

好,现在可以用"她"这个字了,按照语法,不知道男女用"他",所以刚才我写的内容没毛病。

"那么,你有什么问题吗?"

"我的问题,或许和其他人的问题有些不一样……我给您发过邮件了。"她掏出手机给我看,果然有邮件,这个女孩给她自己填的名字是一长串的黑点,我仔细数了数,是4个省略号连在一起的。从名字上看,我觉得她应该是一个"有很多话想表达,但又不知道怎么说"的人。以下的对话节选自我们的聊天记录,为了不让读者们也陷入查找黑点个数的困扰中,我暂且把她称之为"省略号"。

省略号一上来就抛出了四个问题:"老师,我想问一下,我究竟出了什么问题?我的欢笑抑郁症真的好了吗?为什么我会变成这样?她们真的消失了吗?"

接连四个问题,都是无法回答的问题。同时,我对"她们"这个词产生了极大的关注。我这里可不是派出所,不能帮忙寻找失踪人口。

我忍不住喝了一口水:"先别着急,请您详细描述一下您的问题好吗?"

省略号的眼睛瞪得像两个黑洞,仿佛要把我吸进去,但实际上,她把我带入了更为奇特的内心世界,一个她从未向别人展示的世界——

我出生在一个小县城里,家里有父母和哥哥。他们都是恶劣的人。我的父亲重男轻女,经常对我使用家庭暴力,算了,这点事情不提也罢。

到后来,我精神崩溃过一次,得了很重的抑郁症,但脸上依旧笑容满面,我在网上查了,这种病叫微笑抑郁症,但是我的笑容显然已经超过了微笑的定义,我称之为欢笑抑郁症。

我的父母一定不会允许我治疗,我也没跟他们提,更没有接受治疗。

大多数人在讲述自己的故事的时候,总是会提到其他人,并且花大量时间讲其他人的事情,但是我不一样,我不喜欢别人进入我的世界。

在学校,我会尽量避免集体活动,如果你在学校的操场上,看到很多学生都在嬉闹,只有一个孩子在操场边的长椅上坐着,没有看书,没有玩什么东西,没有睡觉,就是那么坐着,那肯定是我。我不是在看其他孩子打球,我才不管他们在干什么,我只喜欢和我脑海中的朋友对话。他们都说,此时的我脸上带着谜之微笑,我虽然没照镜子,但是肌肉的牵引让我觉得我好像确实在笑。

和我的朋友说话,当然是一件开心的事情,比和那些同学说话要开心得多。和他们说话只能让我感到厌恶。男生们只会愚蠢地勾搭,女生们只会愚蠢地炫耀,通通很愚蠢。

外边的世界,一点都不好玩。体育课时,我坐在操场旁边这么想着。

在我漆黑的大脑中,有一片我可以栖身的环形光亮区域,我自己就坐在其中,穿着非常女性化的连衣裙,身材比现实中稍微高大一些。一直以来,我一直是一个人待在这里。这是世界上最安全的地方。

某一天,我眼前突然出现了一个人。这是一个短头发的矮个子女孩,乱蓬蓬的头发,非主流的面貌,是个家长和老师们一看就会觉得是不良少女的孩子。虽然她有些雌雄莫辨,但是我知道她是个女孩。

不良少女开口:"我叫千延,是你的朋友。"

我好像早就知道她的名字,但是又仿佛是头一次见到她。

我疑惑地问:"你来我这里干什么呢?"

不良少女说:"我当然是为了帮助你,赶走不开心。"

我更加疑惑:"要怎么做呢?"

不良少女露出邪魅的笑:"很简单,以暴制暴啊!"

她伸出拳头,上面戴着一个手指虎。就是那种四个小铁环并列,可以套在拇指以外的四个手指上的武器。

"Fuck them all（干掉他们），这是最直接且有效的办法。"不良少女晃了晃拳头，她以为自己很酷，我好像也觉得她很酷。

我小心翼翼地凑过去对不良少女说："你看上去好像很愤怒。"

不良少女挑了挑眉毛："当然，没人在乎我的感受，所以我也不在乎别人的感受。但是我在乎你，那些骚扰你的人，通通去死……"不良少女的声音异常阴冷，仿佛能让人听到空气结冰的声音。

"尤其是那些男的，全都是坏人，I hate boys（我讨厌男孩）……"不良少女这腔调就像是从美国黑帮片中穿越过来的。

突然，不良少女好像警觉地发现了什么，戴着手指虎的拳头向漆黑中猛一挥。漆黑中传来骨头碎裂的声音。

"不要靠近我！"不良少女舔了舔自己的手指虎。

我定睛一看，面前是一个流着鼻血的男孩。他显然不是特别敏捷。

"你真是个疯子！"那个男孩由于鼻子受伤，声音变得很奇怪，这让我更加讨厌男性。他捂着脸跑开了。我拳头上的血迹表明，刚才我看到的那一幕，来源于真实的场景。

暴躁，易怒，性格和思考方式极端，这就是这个不良少女最明显的属性，但是我喜欢。

我觉得她教了我很多东西，虽然不是什么睡罗汉拳、板斧三招半之类的梦中武学神功，但是我似乎知道了对待他人的最简单的办法——怒而殴之。

反正没有男生会和女生打架，他们只能挨打，讨厌的物种，我对他们天生怀有一种敌视，就像人对蟑螂一样。

但是，不良少女并不只是将拳头挥向那些男性，还包括女性和动物。我知道她有些不对劲了，但是我对这个不良少女有种病态的迷恋和崇拜，即使知道她错了，也依旧去做，将自己完全托付给了她。就好像她是驾驶员，我自己是巨大的人形机甲，一切都听她指挥。

由于经常和不良少女交流，那段时间我总是莫名其妙地发呆走神，脑子里总会出现一段时间的空白，注意力难以集中。同时，我变得越来越敏感，任何一点刺激都会让我发怒或伤心。不良少女可以帮我出气，但是抹不去我内心深处的伤痕。有时候我简直觉得，作为一个人活在世界上压力太大，我还不如早早结束自己的生命。

不良少女经常对外界的所有人都处于备战状态，就像一只拱起后背准备战斗的猫科动物。于是我也变得越来越奇怪，每天都有难以言说的紧张感……

这种紧张感让我丝毫没有战斗的乐趣，我变得越来越沉默寡言。可是突然有一天，千延消失了，另一个人出现在我面前。

这依旧是一个只有我自己能看到的角色,她叫听亚。她是一个看上去20多岁的姑娘,长卷发,浅蓝色连衣裙,身材略显丰腴,是那种一看就很有亲和力的人,拥有那种抚摸野生动物脑袋就能让它听话的温柔。我当然也很喜欢她。

相由心生,听亚和千延果然不是一路人,控制机器人的驾驶员变了,机器人的行为模式也就跟着变了。温柔大姐总是带着微笑,让我很安心。

温柔大姐知道千延的存在,她劝漆黑中的不良少女走开,但这时候我却看不到千延到底在哪里。温柔大姐不像不良少女那样控制欲强,她总是主张用非暴力的方式解决问题。我也莫名其妙地变得温和起来,不再悲观,也不再打架,自杀的念头也没有了。

有了她的引导,我在大家眼里变得正常得不能再正常了。我看上去就是一个在教室里做习题的普通女孩。

可是我心里明白,虽然表面看上去开朗了,但我心中只有一潭死水,完全不会生气、伤心或高兴,没有情绪有时候比有负面情绪更可怕,对此状态,我自己甚至完全没有不耐烦的感觉。真是可怕。虽然现在我给他人的印象是:做事从容不迫,对事很有耐心。

我甚至也穿上了蓝色的连衣裙，和那个温柔大姐一样。可是我才15岁，就没有了青春期的活力和朝气。我变得细心而又冷漠，每天表面上带着温暖的假笑。我能观察出别人的兴趣爱好和情绪波动，因此好几个人都说我是知心朋友，但我总会下意识地不透露自己的事情，那些所谓的朋友们，完全不了解我。跟她们相处，就像做任务一样，我根本没有把她们当朋友，只是为了讨好那个温柔的大姐。

另一个副作用是，我还患上了强迫症，和同桌讲完了题，就必须把自己的作业本收好，所有书本都摆得整整齐齐，比军人叠的被子还标准。但实际上我又不算是标准的强迫症，因为我觉得十分轻松，没有任何压力，我喜欢这种规整的感觉。

无压力，听上去很完美了，现在对于父亲的打骂，我也半点感觉都没有，不会生气伤心，总是无奈地笑笑并从容接受——如果无奈也算是一种感觉的话，我也只剩下这种感觉了，我的欢笑抑郁症也仿佛莫名其妙地变好了些。

唯一保持不变的是——确切地说，更严重的是，我越来越讨厌男性。如果一个男生从我身旁路过，胳膊和我的胳膊擦了一下，我就会使劲擦自己的胳膊。现在的我，平时和男生交流没什么问题，无非是逢场作戏，但不小心碰到、撞到都会觉得别扭。如果不小心碰到手臂，会一直擦到手臂流血。因为有这些可恶的生物,我已经打定主意以后一辈子不结婚。

现在我有时候会和千延、听亚在梦中相遇。我对自己说:"不需要伤心。"听亚说的是:"我会给你所有的阳光。"千延说的是:"其他人不需要理会。"我会让自己开心起来,我一直是轻松的。因为以前悲伤到绝望麻木,所以我相信我会让自己变好。我知道我想要的、让自己开心的方法。反正即使被打击了,我都不会有感觉。我就有那个勇气去改变,去努力。

省略号讲完了自己的故事,终于抛出了问题:"我现在仍然会发呆走神,注意力依旧难以集中,但比以前好了许多,也没有出现空白的时间。但我感觉我变成了千延和听亚的综合体,这是怎么回事?"

我像 EVA 里的碇司令那样十指交叉,心想:"故事很奇特,但很可惜,是个假故事。"

省略号一口气说了很多,没有错别字,也没有语义逻辑上的问题。值得注意的是,我把她说的话分成很多段,完全是为了我个人和读者们阅读方便,实际上她一直不停地说,根本没有任何停顿——果然是一个特别需要表达的人,符合我的最初推测。

除此之外,由于长期处于负向情绪中,她的内心冲突已经变形，比如被男性碰到而不停擦手臂的行为，已经与道德无关，这是典型的神经症。目前，她对自我和外界的感知还比较清楚，主观感受和客观发生有些扭曲，还不好判断是不是精神疾病，目前我认为"不是"的概率比较大。

虽然她说了这么多，却并不足以提供充分的信息让我回答之前的四个问题，只有中间两个可以简要回答：抑郁症还没好，变成这样是一种扭曲的心理适应。至于第四个问题，根本没有答案，因为她们从来没有真正出现过，谈何消失呢？

最难回答的是第一个问题。显然，她并不是多重人格。多重人格目前在学术界还是一个不确定是否真实存在的概念，不过在多重人格的案例中，不同人格之间都是意识不到其他人格的存在的，就像一台电视机可以看到不同的电视台，而不同的电视台之间却互不了解一样。而且在那两个奇怪的人出现的时候，她显然还是有自己的意识的。

幸好我喜欢研究一些神秘学的东西，在我脑中的知识库里面，有一种秘术，英语称之为 tulpa，汉语称之为"幻人"。这些内容来自维基百科等网站，但是我并不会全盘相信这些。资料中说，这一秘术可以在头脑中造出一个非常真实的人类形象，就像现实中的身边人一样与你互动，并能逐渐脱离制造者的控制。

Case 1：幻人内心世界的人造人

眼前这个姑娘的情况与"幻人"十分相似，我的兴趣顿时来了。

于是我立即提出了一个问题："你有宗教信仰吗？"

她的答案有些让我吃惊，她连忙摇头说："不，我是无神论者。什么宗教我都不知道。"

看来这是一个从里到外都很谨慎的人，不仅要和碰她胳膊的男性撇清关系，而且也要与宗教撇清关系。她的外界常识如此狭窄，也是导致她陷入自身幻想的重要原因。

于是我又抛出一个最重要的问题："那你现在主要的困扰是什么呢？是对男性的厌恶？"

省略号："嗯……什么困扰都没有的感觉，基本没有任何动力，情绪一直是安静祥和的，感觉很好。"

其实这也是一种困扰，只不过她不愿意承认罢了。

我安慰她说："这样很好，以前你心中的负能量，现在似乎减轻了很多。"

省略号："我完全不悲观，也不会自杀了，我找到了我活下去的理由，也有了目标和理想，她们也都没有再出现，对于父亲的打骂我没有任何感觉，任何事都应付自如，感觉一切都很好。"

那两个幻人的出现，就是大脑中一种奇特的心理防御机制。可是这种机制压抑了她的天性，实际上并没有那么美好。

"那你活下去的理由是什么呢?"我再次感到好奇。

省略号接着说:"我不想自杀,是因为我觉得不能就这么死了,不能什么都没做就消失了。我想要写书,不需要当一个作家,我只想把我想的,还有我的经历写下来。从小我就认定,这是我必须要做的事。虽然家里一直嫌弃我是个女的,但我是女的真不关他们什么事。大不了我自己努力,我自己活,我并不怕。我知道我要活成什么样,我知道我该怎么做。我必须要做的,我也不会忘记。我想我会是好的。"

最后一句话引起了我的注意——"我想我会是好的",潜台词是对自己的现状非常不满。有了这种需求就好办了,我们可以通过心理疏导来帮助她。

于是我提出了一个建议:"你有没有想过,自己其实可以找一个没人的地方发泄一下,没必要整天对人笑脸相迎?"

省略号露出一个奇怪的微笑:"因为我成为这个性格了哦。我笑,只是给自己看,不是伤心,也不算开心,这是我鼓励自己的一种方式。现在的我,不需要像以前欢笑抑郁症的时候一样在外面伪装。"

故意笑给自己看,和故意笑给别人看,本质并没有什么区别，依旧无法获得真正的快乐。接下来，我担心的事情果然出现了。

省略号突然变得非常失落："不过我觉得我跟父亲可能好不了了。我现在莫名其妙地不怕他了。但我对他没有任何感情。以前我还会恨他，现在什么感觉都没有，叫他'爸'都尴尬。"

和父亲的关系，或许是所有这些问题的出发点。为了更进一步了解她的情况，我希望她能进行一次正规的咨询。一来这个案子确实有趣，二来聊了这么久，一分钱没付，我也有些不甘心。

省略号继续表现出更失落的表情："对不起，浪费你时间了，我没有钱咨询。我家庭情况不好，我没有零花钱，我的钱都是自己挣的，买了资料、自行车、学习文具和手机后，从小打工挣的钱都没了。我的压岁钱交给我妈让她给我买衣服什么的，我真的没钱……"

15岁的孩子靠业余打工买了这些东西，智能手机少说也要一千多吧，自行车也要几百，她在一个小城市，能做到这点，已经比当年的我牛很多了。所以说，她其实并不差劲，是个精神力相当强大的姑娘。我还发现了一点特别之处，就是她几乎每句话的主语都是"我"，过分关注自己，是这个案例中产生幻觉的关键。

我看了看目前还空荡荡的预约表，心中咬了咬牙，对她说："我不收你的钱，你在网上给我打好评就行了。"

于是就这么"鱼块"地决定了，之所以是"鱼块"而不是愉快，因为美味当中还有几根刺扎得我有些难受，毕竟免费咨询不是那么讨人喜欢。

我想和省略号商定下次的咨询时间，可是她说要准备中考，并没有给出明确答复。我和她简要聊了聊幻人的故事，她很满意地准备离开。走到门口时，她看到在门外等待的阿霞，突然又转过身来。

"老师，我还有个问题，我最近一直做噩梦，其实也不算噩梦，在梦中千延和听亚都会出现。同时我眼前还突然出现了另一个人！"

事情越来越复杂，竟然还有第三个！难道心理问题也能像得了灰指甲，一个传染俩吗？如果放在平时，对于这种一分钱都不愿意掏的顾客，我只能回答："问我怎么办？继续传染俩。"但是省略号引起了我极大的兴趣，让我愿意免费陪她聊这么久。

省略号接着说："在我醒着的时候，她也出现过一次，从不说话，就是一直盯着我，一会儿就消失了，之后我再也没见过她。但她开始在梦中出现，我总觉得她什么都知道。我并不反感她的注视，但我不知道她是谁，她叫什么……"这第三个幻人，就姑且称之为阿飘吧。阿飘仿佛看穿了一切，应该就是她的"期待"，那个"希望自己能考上，但是又对自己无可奈何"的想法的具体化形象。不过，之前的两个幻人在清醒时都不再出现，这是一件好事。

我继续稳步推进："我很希望给你来一段长程的正规咨询。"

省略号马上打断了我："没关系，老师，我有什么问题再来继续向您汇报啊。"

我的心脏产生了微微的震颤，这孩子，还真把我当成免费服务热线了。她在生活中，应该是非常缺乏交流的那种人，而且她的问题确实有点复杂。

听上去省略号似乎的确没事了，但是根据精神分析派的弗洛伊德祖师的理论，当遇到挫折或冲突的时候，就会启动心理防御机制。心理防御机制的具体种类很多，大方向上分为逃避、自欺、替代、攻击、建设五种。省略号的防御机制应该是替代机制中的"幻想"，英文名和周杰伦的《范特西》一样。通过幻想取得内心的平衡，这是比较弱小的个体常用的办法。

"我推荐你看一看《心理防御机制》，你或许会明白你是怎么回事。"

我本来想借给她一本实体书。但是仔细想了想，还是要了她的邮箱，把电子书发给了她，并且将之前的分析全都告诉了她。

我继续点题："至于和父亲的关系，需要你慢慢和他改善了。今天我还有其他的预约，我们下次再聊吧。"

省略号开心地摇摇头："我有些不想和他说话，老师，我能不能叫你'爸爸'？"

她问的是，我能不能叫你"爸爸"，而不是"你能不能当我爸爸"，这又反映出了她一贯的思维模式，虽然我不太喜欢贴标签，可似乎确实是这样。

此时我虽然表面上非常镇定，但是内心的那个我，两眼已经瞪得像海绵宝宝一样大了。

一切仿佛都凝结了，除了桌上的小闹钟，突然一阵脆响打破了尴尬的宁静。小女孩可能怕继续聊要收费，鞠了个躬，迅速地离开了。

此时阿霞非常适时地出现在我面前："老师，我问到那个丧偶的女士了，其实她已经是再婚状态了。"阿霞非常不好意思地笑着说。

"什么？再婚了还在邮件里说丧偶？我要是她现在的老伴，我非得气得让她再次丧偶不可！"今天已经被太多灵异事件折磨的我，做出了一个艰难的决定，以后咨询要加价。

不过，从另一个角度讲，想象可以给人类的思维插上翅膀,如果每天都在地面上走路,那生活就变得无聊了很多,只要我们能在安全的范围内飞行,又有什么关系呢?

Case 2：

自恋人格——百年一遇小仙女

Case 2：自恋人格——百年一遇小仙女

在我面前的是一位看上去非常普通的姑娘，我无意去评价一位女士的长相，可是参考她填写的内容，她真的很普通。我的同事们都告诉我，千万别接这个案子，可我还是接了。

我看了看打印出来的邮件：我从小受过良好的教育，天生是天之骄子。大部分男人是配不上我的，我希望我的另一半不但高大帅气温柔体贴，还要在乎我在乎我在乎我，我的问题只有一个——如何让男人给我花钱？落款：百年一遇的小仙女。

"您好，我看了您的问题，为什么会想到找我这个心理师来帮你解决这个问题呢？"

"因为你们懂人心呀！只要你教我一些沟通方法，我就能让男人给我花钱。"她脸上美滋滋的，仿佛已经实现了目标。

"为什么你确定只要你掌握话术，他们就会这么做呢？"

"因为姐有这个自信呀。我可是天之骄子，百年一遇的小仙女。"看到她始终喜形于色的样子,我决定给她起代号叫"骄子"。

"这些评价是谁说的呢?"

"大家都这么说,我自己也这么认为,那些追我的男人也都赞同。"

男人在追求女人的时候会说女性最爱听的话,不论是否符合事实,这其实是进化的产物。我们不了解动物的具体语言,但是许多动物在求偶时都有类似行为——许多雄性鸟类都会把捡来的羽毛、纸条、树叶等装饰在自己身上,有些鸟类会竖起羽毛让自己看上去更硕大,胆小的大猩猩也会拍击胸膛显得自己很强大,以符合雌性的期待。而这位女士对于男性的附和深信不疑,我估测这位女士大概率没有真正谈过恋爱。

通过初步交谈,我得知骄子是个32岁的外语系大学讲师,北漂,刚入职一年,果然从来没有正式谈过恋爱,但自称追过她的男人不少。目前有一个富二代公子追求,每次请客都在人均一千的水平。男方虽然工作一般,但是家里有几栋楼可以收房租,两个人的收入水平大概相差十倍,而家境更是相差一千倍。

"目前看来他对你还不错,那么你为他做了什么呢?"

"我陪他吃饭。"

"就这个？"我有些不敢相信。

"对啊，我能陪他吃饭，已经是他几辈子修来的福气。我可是百年一遇的小仙女。"骄子理直气壮。

"你不感谢他吗？"

"感谢什么，他也不算对我太好，之前还有帅哥请我吃一万块钱的饭呢！"

"所以，你希望他能够为你花更多钱，这样你们才能平衡。"我总结性地复述，并且推测了她内心的想法。

"对啊，因为我值得啊！"骄子恨不得把脖子再拔长一倍。

"可是，显然他不这么认为。他并没有按照你的需求给你付出更多，所以你来找我了。"我继续推断。

"他就是抠，给我买个包才两万块钱。你快教我一些话术，让我搞定他，别浪费时间，我每一秒钟都是花着钱的。"骄子一边炫耀一边催促。

"别担心，他请你多吃一顿饭，咨询费就补回来了。"我说，"不过我不建议你过度依赖话术，毕竟人际交往的首要前提是真诚。如果没有真诚，或者连对方无法识破的假装真诚都没有，那么话术基本无法打动人。即便打动，也是依赖其他的外力。"

"别废话，你就教我怎么说他能听。"骄子显然有点急。

"我也说了,想要有效的话,那么首先要有真诚的态度,而让对方必须服从你,这本来就不是一个真诚的出发点。如果你希望自己能体现得真诚一点,那不妨先关心一下他的需求,至少是口头上的关心。"我打算采取行为主义疗法中常见的模式,让她先从行为上进行改变,即先做出一些正向行为,尝到甜头,建立起积极的条件反射,然后再慢慢从内心认可这种新的交际模式。

"我不知道他有什么需求。"骄子双手交叉抱在胸前,头向一边偏去。看来她根本没关注过对方的需求,也不想关注。

"作为一个男性来说,他总需要和你增加一些亲密度吧?"我试探着问。

"嗯,我已经答应了他,当他的女朋友,偶尔还会让他亲一下。"她说这些的时候并没有恋爱中女孩的那种幸福感,反而皱着眉很不舒服,"这些对他来说就够了,他还想怎么样?"

"你似乎不太想和他有过多亲密的举动。"

"他那个人,又胖又丑,皮肤粗糙,我做得已经够多了。"骄子愤愤不平。

"看来你并不喜欢他,可是他肯为你付出,所以你在享受了付出的同时,又不想答应他进一步的条件,这就是你的内心冲突。"任何心理问题的根基都是"冲突"二字,这便是骄子痛苦的表层原因。

"我凭什么答应他啊!他都不感谢我,我能成为他的女朋友,他要感恩戴德才对,还想提进一步的要求!"

"如果他长得符合你的要求,那你会答应他吗?"

"不会!我在结婚之前是不会和任何男生走太近的。"骄子的眼神突然坚毅了起来。

"为什么呢?是觉得这类事情很不洁,还是……"我试探着问。

"在他们没有和我领结婚证时,可没资格碰我!"骄子的脸上又恢复了骄傲的神态,随即马上又缓和了,"不过结婚后,我就不管了,我不反对他去找别的女人,我也会去夜店找小伙子。"

奇怪的贞操观——可一秒钟后我理解了她:就像很多学生高考前不去玩,并不是只爱学习不爱玩,而是为了坚持到大学之后,更加疯狂地玩。

在咨访关系尚未牢固建立的时候,还不适合马上纠正她的错误观念。于是我给她介绍了几条常见的关心他人的方法,她勉强选出一条自己能接受的。我告诉她不能急于求成,让她一步步进行。

骄子刚一走,小助手阿霞就进了门。显然刚才骄子也在她面前摆谱，阿霞带着一种不舒服的疑惑表情："刚才那人，还天之骄子，我看还不如饺子！"她的表情仿佛是在年夜饭的餐桌上吃了个榴莲味的饺子，还是蘸醋吃的。

"你也知道，我经常会遇到各种另类的来访者啦！"

"老师，你说她的问题好处理吗？"

"如果单纯地说她的心理问题，也就是冲突，其实不难。但即便解决了她目前的内心冲突，她的长远问题依旧会给她带来很大麻烦。"

"她是什么问题啊！"

"其实我感觉她并不是简单的心理问题，而是有些人格方面的障碍。如果真是简单的心理问题，她也不至于换这么多咨询师，而且没有一个人建议我和她开始咨访关系。现在我们对她还不够熟悉，只是她让我想起某个名词——自恋型人格障碍。"

"人格障碍？是精神病吗？"

所谓人格，是一个人固定的行为模式及在日常活动中待人处事的习惯方式，由先天遗传和后天环境共同作用形成。而人格障碍，则是偏离正常且固定的行为模式，通常难以治疗。人格障碍不是精神病，因为精神病是反复发作的，并不稳定，而人格障碍则是一些"有障碍的人格"，是固定的心理特征。如果人脑是一台发动机，精神病相当于发动机由于某些零件接触不良出了问题，那么人格障碍则是发动机在制作过程中零件大小不匹配，无法适应正常的心理互动。

"人格障碍狭义上讲不是心理疾病，广义上属于心理异常，而且心理咨询对于人格障碍的效果通常都很一般。大部分人格障碍者也不会认为自己的个性有什么问题，这点和精神病人是一样的。"阿霞听了我的解释，表情更难受了。

人格障碍不一定有精神病，而精神病却可能会影响正常人格并变为有障碍的人格。不过大多数人格障碍是几十年的人生塑造成的，少数是由于重大灾难引发的，不像精神病发作起来那么急性，是缓慢而有力的，通常只能通过"选择冲突较少的人生路线"来处理。

"对于这种人，不要想着治愈她，而是把她放到更适合的位子。"我停了几秒钟，又站起来，"不过你要注意，我们才和她接触了一次，在不熟悉的时候，千万不能随意贴标签，这会阻碍我们接下来的判断。"

"我知道了，她有可能只是有些自恋，但还没达到人格障碍的程度。那怎么样才算是人格障碍呢？"阿霞又接着问。

"如果她的性格特征明显偏离文化规范，而且行为难以矫正，长期稳定，让自己或他人痛苦，一般也没有自知之明，那就比较符合人格障碍的定义了。还有一点，就是她的人格形成，不是由于躯体疾病、脑损伤或精神病直接导致的。"

"那如果她真是人格障碍，我们要怎么处理这个案子呢？"阿霞又问。

"对于精神病和人格障碍，并不是心理咨询师的处理范畴，她通过咨询改变人格的概率也不大，我们就尽量让这个有问题的车子能用不出车祸的方式上路吧。"我沉思了几秒钟，"不出意外的话，她还会回来找我的。"

阿霞点点头，准备回到自己的岗位，突然她转过身问："老师，我又想到一个问题：你刚才说人格障碍是偏离了文化规范。也就是说，这种异常有可能因为文化规范的改变而变成正常？"

阿霞的问题让我轻松了很多："理论上说确实可以，就像二战时期的德国，心理学家们可不会把希特勒诊断为人格障碍。因为他当时的行为完全符合自己所在的文化氛围。此外，即便性格上有些偏离文化规范，只要不是太严重，都不能算作人格障碍，因为我们都没有完美的性格，也没有权利要求别人的性格必须完美。"

几天之后，骄子又来到了我面前。

"唉，按照你的方法，他确实对我好了一些，可是我并不快乐。"骄子对我有些赞许，又有些抱怨。

"你觉得自己的付出比之前多了，所以不开心吗？"

"对啊，凭什么我要付出这么多，他之前还每天早上跟我道早安，可是这个月都没做到每天如此！"可以看出，骄子在强忍怒火。

"可能他并没有你想的那样勤奋，就像很多人也做不到每次上班都不迟到。"我解释说。

"你别替他说好话，我之前的追求者就能做到！"骄子气得两边腮帮子都鼓了起来。

"你希望他可以一直表现好，你陪他吃饭，他就每天跟你道早安，给你买礼物，做其他所有你想让他做的事情，是吗？"我看着她，试探着问。

"难道我不值得吗？我可是小仙女，我百年一遇……"

"这是另一个问题了，我们不妨先把你的目标理清了，再讨论下一个问题，你觉得呢？"我很少打断人，但是这次我打断了她。

"好吧，那你说怎么做？"

"你先说说看，你的目标是不是就像我刚才说的那样？"

骄子想了想说："这只能说是可以接受的目标，我最希望的是：我不用说，他也能心有灵犀知道我要什么，最好能马上娶我，然后我们平时可以不见面，各玩各的，让我管钱就行。"

我沉默了几秒钟，对她说："这个目标很美好，可是越美好的东西，越是难以实现，不知道你有没有心理准备。"

骄子有些不耐烦："我说，你是不是想阻止我学习，拆散我俩，然后你来追我？告诉你，我根本就看不上你，我男朋友家一顿年夜饭就能买下你这个小破屋子！"

"既然你来找我求助，那我一定会全心全意帮你，但是我只能帮你出谋划策，很多事情还必须由你来做，毕竟你如果赢了，我也就赢了。"我不紧不慢地说。

"那好吧，你快说！"骄子本来已经站起来，现在又坐下了。

"我看到你的条款中，大部分是他服务于你的项目，而且你要求他尽全力。先不说双方实际上付出多少，单单是他做的项目比你多，就足以让他有不平衡感。在心理学中有一个'不值得定律'，也就是说：不值得的事情，就不值得去全力以赴做好。如果此时依旧保持最开始的动力，那么成就感会越来越低，最终放弃。"

"难道我就不值得？那他……"骄子的脸色迅速变化。

"我没说你不值得，只是你的做法让他产生了不平衡感。你最开始做的就是陪他吃饭，他付出了很多新的东西

Case 2：自恋人格——百年一遇小仙女

后，你依旧保持原状。可能你实际给的确实远超于他，可是在他的概念里，你必须和他共同前进。当然了，你可以理解为，他不珍惜你之前给他的东西，这是他的问题。"

"本来就是他的问题！他太不知足了，呸！不懂感恩的东西！"骄子的愤怒又转移到男友身上了。

"那是他不好，他的这些素质并不是你教出来的，是他之前人生的二三十年形成的。"我顿了一下，看到骄子的情绪好了一些，继续问，"既然他这么不好，咱们还要继续吗？"

"当然要继续，他让我吃亏了，我要让他用一辈子还！反正我也不喜欢他，将来结婚后我肯定会出轨的！"骄子尝试给自己的行为找个理由。

"那做你的老公好像风险有点高啊。"我忍不住小声说了一句，眼看骄子好像要掀桌子，我立即话锋一转，"不过对他来说，即便只做个名义上的老公，也是他的福气了，对吧？"

"可不是嘛！其他人想挂名，我还不给他机会呢！"骄子顿时得意起来，一脸的不屑。

"但是，因为之前我们一上来就给了他全部，所以他现在有了不平衡感，如果你想继续维持关系的平衡，那么至少要让他有获得感，比如描述未来的美好生活，让他对和你结婚这件事有憧憬，这样才能更想和你在一起，更想为你付出。"

"不就是画大饼吗？我懂！"骄子又开始得意起来，"其实我什么都知道，就差你稍微点拨一下。反正不继续付出他就娶不到小仙女了，是他吃亏！"

骄子离开后不久，阿霞有些着急地跑进来："老师，虽然我知道心理咨询是一对一的，可是我还是没忍住问了她咨询的情况，她也都告诉我了。"

我此时已经将椅背放倒，半躺下去："嗯，她愿意告诉你就行。"

"可是老师！"阿霞突然扑到桌子边，脸上显出复杂的表情，"你教她的那些东西，是在用心理学干坏事啊！这就像把AK47放到猩猩手里，会坑死她男朋友的！老师，你不能为了赚咨询费，就做这些事情吧？你的良心不会痛吗？"

我坐直了身体，手放到了桌上，有些欣慰地对阿霞说："阿霞，你能想到这些，非常好，我有你这样的小助手，也很高兴。"阿霞的神情缓和了一些，眼睛依旧盯着我，等一个解释。

"我之所以敢告诉她这些，是因为我明白，她即便掌握了话术，依旧不可能成功。"看到阿霞还有些不相信，我从书架上取来一本非常薄的《自由搏击技术》放到她面前，"好好看看，一小时后，去体育馆，我们比一下试试。"

"老师，你想揍我就直说啊，没必要这样吧！"阿霞脸上哭笑不得。

"人与人的博弈就像是拳赛，话术就像是拳谱，即便看得再多，没有多次的实践，贸然上场也不可能赢。这是她注定会失败的第一条原因。"

"那还有第二条？"

"当然了，她破坏了人际交往的基本原则——互惠，这就足以让这段关系不平衡了。"我继续解释，"就好比咱们俩同时上擂台，你就戴着一对拳套，而我拿着一把AK47，你还愿意和我比吗？"

"那肯定不愿意，虽然我肯定不会赢，但是我会跑啊。"

"还有第三条，我刚才说了，话术就像拳法。一个人的状态其实很容易展现出来，如果你抱着一个杀人的心态去打比赛，即便姿势是比赛的拳法，但其实很容易看出来。同理，她抱着一个占便宜的心态去表现得好像喜欢对方，其实也做不到。"

"对啊，人家也不傻，她也没得过奥斯卡。"阿霞忍不住押韵了。

"第四条，拳法在什么时候会有用呢？例如，美国队长打绿巨人的时候，有用吗？"

阿霞想了想："也不能说绝对没用，只是绿巨人的体质核弹都轰不死，美队的赢面不大。"

"对啊，拳法在双方差距不大的时候才有用，可是现在他们俩的差距太大了，男友可以在北京找到无数个像她这样的女友，可是她很难找到这样的男友。还有第五条，也是最重要的，她忽视了良好人际互动的前提——真诚，就好像一个拳击手没有体育精神，是不可能获胜的，她又不是天才。"

"那既然这样，老师为什么还要告诉她那些拳法？"阿霞又有些疑惑。

"她的性格肯定有些偏离我们的文化规范，而这种偏离一时半会儿也修正不了。她的观念太根深蒂固，总想把别人的思维都引到她的目标上，所以她最后一定会输掉。所以我能做的，就是尽量让她不要输得太惨。"我有些无奈地说。

"毕竟，就算她学会说一句好听的话，也比现在强一些了。"阿霞也若有所思。

"不出意外的话，过几天她还会来找我。"

几天之后，骄子第三次出现。

"这次更倒霉，这货得寸进尺啊！"骄子一上来就开始抱怨对方,这我倒是不奇怪,毕竟大部分性格有问题的人不会觉得自己性格有问题,就像某位哲学家说"人是不会反思自己的"。

"他是不是要求和你住在一起了?"我仿佛早就算了出来。

"对啊,你怎么知道,他要婚前同居,妈呀!"骄子一边摇头一边说,"人啊,果然是不能惯着,越惯越贪心!"

"那你怎么回答呢?"

"我当然不答应,什么时候住一起,他必须听我的!不听的话,就娶不到小仙女了。"

"然后他怎么说?"

"他没说话,至今没回复我的微信。你说这人怎么这么不知道感恩,刚给了他两天好脸色,之前没有按时问早安,我都既往不咎了!"骄子越说越生气,双手也剧烈挥舞起来。

"这事儿确实挺头疼,不过其中有一个好消息。"

"这还有好事?"

"如果你真的很讨厌和他有亲密行为,结婚后他还会经常跟你提,对吧?"

"那肯定的,这人狗改不了吃屎!"

"既然如此,现在是天赐良机,你正好可以演习一下,想让狗改掉习性，那可是持久战。"

骄子又叹了口气："哎呀，怎么这么难啊，以前追我的男人也没他这么难对付啊。"

这正是我想引导出来的话题："以前那些男人那么好对付，为什么没有和他们在一起呢？"这时候一定不能问"为什么他们没和你在一起"，她的自恋不会允许自己有被甩的经历。

"我不知道，我也不想知道。"骄子有些赌气。

"以前那些男人，能一顿饭花一万元请你，可是他们没有坚持下去。"我顿了顿，"可能是他们觉得自己内心不平衡，然后变得狡猾了，去追求更能让他们感觉平衡的女人。"

"哼，反正都不是好东西。"

"目前看来，他也变得比之前聪明了一些。"

"难道他也请了高人给他出主意？不可能啊，他就会打游戏，没这个脑子的。"骄子有些惊讶。

"是不是有人给他支招，你不必担心，反正不可能比你选的人更高明对吧？"

"这倒是，我对人性深有研究，不可能看走眼。就比如，他肯定是个傻子。"

"既然他的行为出现了变化，那么我们也需要做出转变。"

"可是你说的那些我做不出来,比如我主动给他发消息,说好听话之类的,这不是我的风格。"骄子脸上的表情形象地诠释了什么叫"如鲠在喉"。

"我发现,你似乎非常关注自己在关系中的收益,试图把自己打造成一个理性的形象,可其实你非常容易受到情绪的影响。"我尝试把关注点放在骄子自己身上。

"所以我才来找你了啊!"她突然话锋一转,"老师,你说如果他想睡我怎么办?我觉得还是应该先和他把婚事定下来再发生关系。"

"咳咳,你放心,他一定想睡你。"我咳嗽两声以缓解尴尬,在咨询中,有些来访者的思维会非常活跃,脑内会不断迸出各种创意火花,有很多咨询师会被火花烧得手足无措,这也是最考验咨询师功力的一类咨询。

"对呀,老师,你怎么这么神机妙算!"骄子眼中再度迸发出崇拜的光芒,但是这种目光是自我崇拜,"他跟我提过好几次了,都被我给拒绝了。"

"男人接近你,你觉得他仅仅是想和你当朋友?那还不如和哥们儿打篮球有意思,你已经体验过了吧?"我拿出了之前她经历过的真实事件作为例子,继续解释,"在你不能提供金钱和其他价值的时候,男人接近你会图什么?你不会真以为男人会单纯地想和你交朋友吧?他们可不是幼儿园的孩子,都是渴望拥有另一半的成年人。"

几大口"毒鸡汤"灌下去,骄子不仅睁大了双眼,连嘴巴都张大了。

"老师,也就是说,如果我不交咨询费的话,你也不会陪我聊这么久,除非你想睡我对吧?"这次轮到骄子试探我了,依旧出自她的自恋。

"那也不一定,或许是你这个案例特别有价值,让我愿意在亏本的情况下多和你聊聊。将来我写本书啥的,还能赚回来。"我此时不得不抛出了我的终极目标。

"没想到你们男人的心理都这么阴暗啊……"骄子似乎已经有些害怕了。

"这是本能,但并不一定是坏事。"我继续解释,"同样,这也是女性的优势。如果不是这样的话,哪会有这么多男生带着礼物追你。哪轮到你来选择到底嫁给哪个追求者。雄鸟追雌鸟还要搭建一个漂亮的鸟巢,给雌鸟唱歌,收集食物,告诉雌鸟将来我有实力照顾你,这是大部分生物的本能。作为优势方,你可以利用好你现有的优势。"如果继续说下去,其中会牵涉进化心理学的内容,而两性之间的博弈,本来就是进化心理学的重要部分。既然从情理上无法劝说她,那么我就从逻辑角度入手。

"哦，我明白了，男朋友想睡我是正常的。"骄子若有所思，"如果反过来，男性是优势的一方，就需要好多女生来追同一个男生，这就变成宫斗剧了……还是把斗争留给雄性动物吧。"骄子最后有些烦躁地挠了挠后脑勺。

"当然，作为女性，你不必要在这场斗争中硬拼。你可以给他一个希望，让你们俩变成更坚固的同盟军。很多心理学家都认为，夫妻之间的亲密是远超过父母的。"我继续发招，"男性比女性更看重关系，所以你的路线如果能和他相关，也就是给他带来更多属于他的收益，他对你的付出也会越来越多。"

骄子离开后，阿霞又来找我。

"老师，你觉得这种性格的人能被治愈吗？"

"我说过，我可没想着要治愈她，只是在帮她寻找一条有可能让她舒服些的道路。二三十年形成的性格，和我聊几次就顿悟了，这个概率极低，只存在于传说中。"我解释道，"达摩面壁九年才觉悟，我不觉得她的境界比达摩高。即便现在她感到顿悟，也只是暂时的。"

"我记得你好像说过，对于悟性比较低的人，适合行为疗法。"阿霞思索着说。

"对啊，行为疗法先从约束行为开始，不需要过多的内心活动，如果她能在她的行为中产生正向的条件反射，她就会越来越愿意做好事。"

"为了有回报而行善,这还是真心行善吗?"

"总比直接去强迫别人答应她的要求要好很多吧?"我摊摊手,"别着急,一步步来。现在她需要有些希望,这样才能给她更多行善的动力。"

阿霞沉默了半分钟,又问我:"老师,你说她算是自恋型人格障碍吗?"

自恋型人格障碍和许多其他心理精神类疾病一样,目前并没有统一的标准,一般在诊断中认为:这类人会过分夸大自己的作用,希望得到别人关注;幻想无限的成功、权力、才华、美貌和完美的爱情等;要求过度赞美;喜欢指挥他人,不合理地希望他人优待或顺从,在关系上剥削他人;认为自己只能和特殊的人群建立关系;常常妒忌他人或认为他人妒忌自己;无法接受别人的批评;缺乏共情,不愿识别或认同他人的感受和需求;外在表现为高傲、傲慢的行为或态度;亲密关系困难。

通常,一个人如果符合其中的五项,即可诊断为自恋型人格障碍。

"那么,她这是怎么形成的呢?"

"我看了她的资料,她自述是单亲家庭,由妈妈带大,而且妈妈是个女强人。妈妈一定会影响她对男人的看法,让她对男性缺乏最基本的尊重。"我推测说,"然而,妈妈毕竟不是她,妈妈或许可以靠自己独立,但是她需要男性,于是矛盾双方一融合,就成了现在这样:她本人非常自恋,但同时自尊水平非常低,负面的评价会让她马上感觉到巨大的不适感。"

"和他们打交道真不容易啊。"阿霞垂下头。

"他们其实也很可怜,自恋不是自大,自恋的背后是巨大的自卑和不安全感,而自恋只是保护自己的一种防御机制。她来找我,也是希望得到我的认可,来继续维护其自恋。"

"你之前也说过,以幻想为防御,是弱小个体经常采取的方法。如果没有人捧着她,她会觉得非常受挫。"

"所以目前也没有更好的办法。瑞士心理医生海因茨·彼得·勒尔用童话中的'铁火炉人'形容他们。他们就像被关在铁炉里,在自己的世界里就像太阳,但是拒绝和外界连接,看上去是个没有人情味的角色。"

"所以,如果想继续接这个案子,我们最好先赞同她的自恋,建立起良好的关系,然后才能逐步帮助她卸下防御,坦露真实的自己。"阿霞也有了自己的看法,"那看来,又是个持久战了!"

"当然,自恋型人格的最主要特征是以自我为中心,而人生中最以自我为中心的阶段是婴儿时期。我们如果想让她成长到正常年纪，还有很长的路要走。"

毕竟，成长是不断打破原先的自己的过程，蛹不破裂，蝴蝶不出，毛毛虫便永远无法飞向天空。碎掉的只是梦，获得的却是翅膀，飞行的美好总会给你带来新的精神补偿。

我喝了一杯茶，又拿起阿霞刚刚带来的新预约卡。

Case 3：

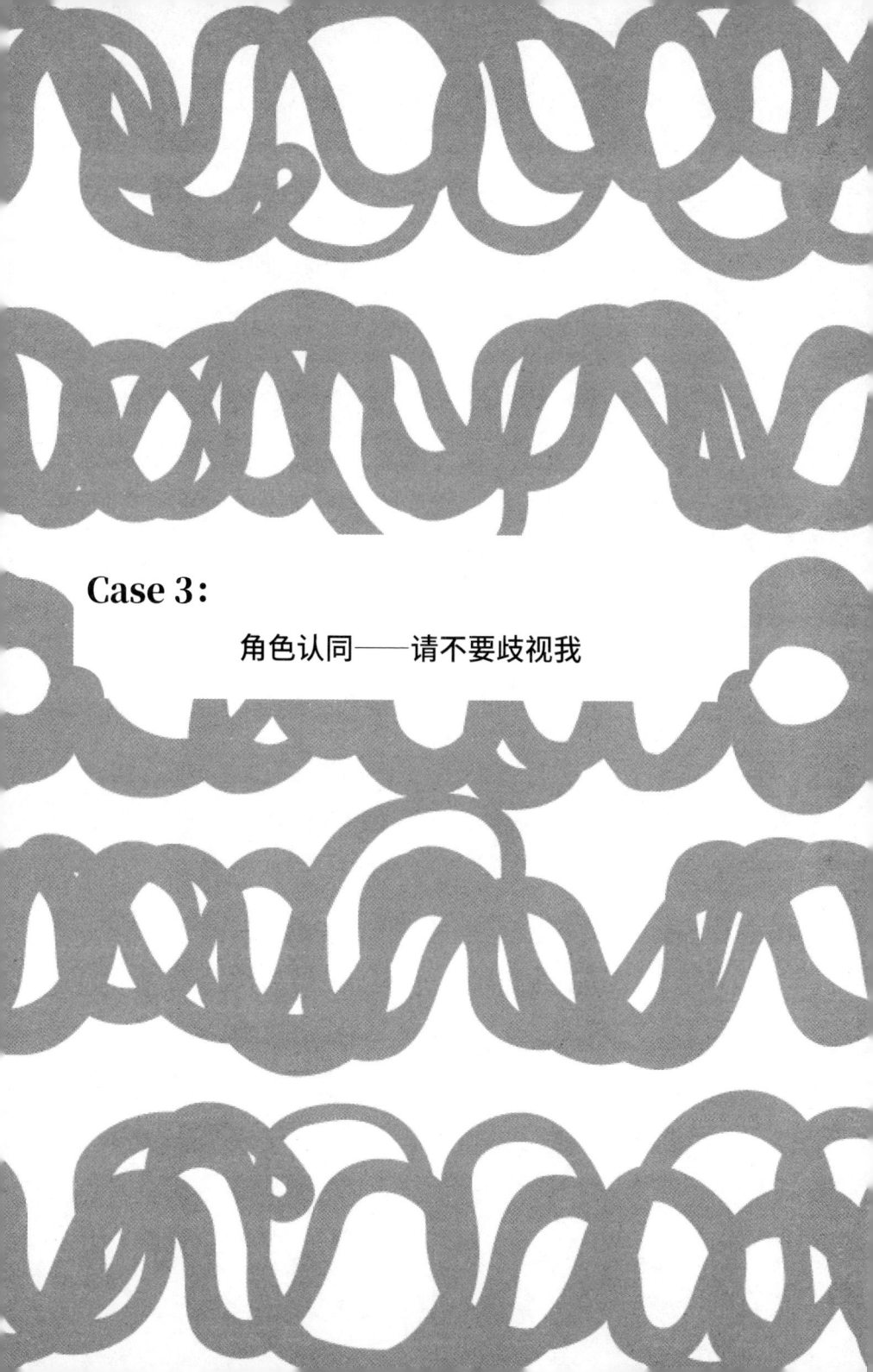

角色认同——请不要歧视我

Case 3：角色认同——请不要歧视我

"我几乎找过全北京的咨询师，都被拒绝服务了。"坐在我面前的女孩说。

这个女孩代号桃子，23岁，大学肄业，目前北漂，还没有固定工作，看上去非常朴实，属于那种不好看也不难看的类型。

"你想让我在你这里做咨询也可以，但是请不要歧视我！"桃子的口气有些失望，又充满了抗争的意味。

"您放心，进了我的门，我都一视同仁。"一般说着类似话题的，可能是性少数群体，或者有犯罪经历之类的人，他们在社会上容易被歧视，因此对咨询师的态度也非常在意。但是根据人本主义心理学家罗杰斯的倡导，来访者需要受到无条件的关注，咨询师不可随意评判。

"半年前，我肄业后没有正经工作。我长相一般、家境一般、学习也一般，没有什么拿得出手的技能。我觉得自己最大的本钱就是这一副身体。但是我又不想从事那种有伤风化的行业。我想很多有钱人都重金收'干女儿'，我或许可以在这里找到自己的路。"桃子说到这里,停下来看了看我,发现我并没有流露出不悦的表情,接着说,"现在都是笑贫不笑娼,我这么想没毛病吧?可能您要说,父母费这么大劲把我送到大城市,我怎么能这样呢?可是如果我继续这样穷下去,我就更没有脸回老家了。"

桃子的眼神充满了期待,显然她很想让我认同她。我点了点头,示意她说下去。点头也是心理师基本的倾听技术之一,在恰当的时间使用点头,特别在一句话结束时,可以让来访者感受到咨询师正在倾听并且赞同。

但是桃子显然犯了一个统计学上的错误。我们的大部分结论都是抽样调查的结果,而平时我们用以显示整体情况的抽样方式大多是随机抽样。可是很多人并不能做到真正随机,而是在某些范围内选取,从而破坏了随机抽样的原则。这在统计学上称为抽样偏差(sampling bias),直译过来可以叫做"抽样歧视"。在本案例中,桃子由于抽样偏差,归纳自己之前了解到的某些个案,得出结论:"没有能力的普通家庭女孩要想变得富有,就要出卖自己的身体。"显然她忽视了其他可能性,而把少数群体当成了整体。因此,作为一个尽量减少偏差的心理师,了解统计学非常重要(现在心理统计学和高等代数也是心理专业必修课)。笛卡尔曾说:"所有问题都可以用数学来解决。"虽然今天看来有失公允,但我目前了解到的大部分生活中的实际问题确实都可以用数学思维来解决。当然,目前上述理论如果要告诉桃子,还为时尚早。

桃子看我没有反对她,平静地说:"经人介绍,我认识了一个60岁左右的大老板。他老婆也50多了,俩人没有孩子。那个老板长期在外跑生意,看我还不错,想让我帮忙'照顾一下生活',实现他的某些愿望,事成之后,给我60万。老板还说我太瘦了,给我租了房子,负责我一切花销,说等到我身体好一些,就正式搬过来和我一起住。"

"这样看来,目前还比较顺利吧?"按她现在的说法,除了周围人不支持,这件事本身还没有什么问题。

"可是我现在想和大老板在一起,我指的是,真正在一起。"桃子的拳头在膝盖上捏紧了,"我不想失去现在的生活,我希望他可以和我结婚,我们俩和我们生的孩子组成三口之家,这才是一个完整的家庭!我知道这个想法很过分,如果您讨厌我,我可以马上走,但是请不要谴责我!"

"在感情中,确实会产生占有欲,你的这种想法我很理解。"虽然这并不算是"一段感情",但是我依旧站在她的角度赞同了她。

"这么说,您可以和我好好聊聊?"桃子睁大了眼睛。

"当然可以,想和另一个人争夺自己的所爱,本身并没有错，如果我特别喜欢某个人，或许我也会尝试和别人竞争。但问题是……"我往前探了探身子，给她找出了话语当中的漏洞，"你好像破坏了你们之间的契约，你们好像并不在一段恋爱关系中。"

"这个……确实是这样，我俩本来只是拿钱办事的关系，可是这半年，他经常给我带营养品，亲自照顾我的饮食起居，每天关心我累不累、开不开心，我对他动心了……"桃子脸上的表情，有少女的娇羞，有爱情的激动，也有些悲凉。

"既然你来找我了，那说明老板并没有答应你的请求，对吧？"我再次预判。

"是啊，老板说，如果我非要这样闹，他就和我一刀两断！"桃子看上去快要哭了，"我也不知道他家里的那个老婆有哪里好，换个新的不好吗？"

"如果你们坚持对抗下去，确实对双方都没有好处，如果将来你真的怀孕，闹崩了之后又要打胎，对你损害尤其大。"我顺着她的思路延展，"可是如果你的目标真的实现了，你就不怕自己将来也被更年轻的女孩替代吗？"

"是啊，我好像怎么做都不对，就算我可以陪他20年，没准那时候又会有新的小姑娘走我的老路……那我现在怎么办？"桃子迫切地看着我问。

Case 3：角色认同——请不要歧视我

几乎所有因为现实问题前来求助心理咨询师的人，都会关注"自己要怎么办"这一问题。但实际上，单一的行为变化，对于目前全局的影响微乎其微。在来访者出现心理危机时，单独教授他"怎么办"，也并不能帮助他实现目标。在危机事件中，安抚情绪，也就是获取心理状态的"平衡感"，是首要步骤。

"我想先了解一下你的故事，看看我们有什么可以发挥的优势，根据你手里的牌好好打，这样才能让你赢。比如说，你最开始为什么愿意答应他的交易呢？"我尝试着挖掘她的深层动机。

"因为，我很需要钱！"桃子看上去有些激动，"我家里比较困难，父母也都不是有本事的人，我们家经常被人看不起……所以我需要钱，在我家盖大房子，让其他人能看得起！"

"可是，通过这种方式挣来的钱，会被人看得起吗？你需要一辈子遮掩这个秘密。"我再次使用面质技术。

"当然看不起了，所以……所以……"桃子不知道用什么措辞了。她内心其实希望自己赌一把，毕竟做了这种事，有一定概率不让人知道，而现在的贫穷则是显而易见的。

"所以你想嫁一个有钱的老公，这样就很风光了。"我总结道。

"对对对，现在好不容易有个机会，我不能放弃。"桃子一个劲儿点头。

"那你最开始的梦想是什么呢？"

"当然是和他结婚！"桃子一副背水一战的样子。

"不，我说的是你最开始的时候，也就是刚刚踏入社会的时候，认识他之前，你有什么梦想呢？"

"我……我不知道怎么说，我有很多梦想。我希望能有钱，也希望自己能被高质量的男性喜欢，也希望自己能有美满的家庭，也希望能给老家多做贡献。可是梦想太多了，我不知道怎么开始做，所以一直东游西荡，直到有一天遇到了他。"桃子脸上再次出现了憧憬的深情。

"他对你来说，意味着什么呢？"我开始了具体化提问。

"意味着我能一下子中大奖吧！"桃子兴奋了起来，"从此我就一步登天，鸟枪换炮，乌鸦变凤凰了！"桃子越说越高兴，这时的她似乎喝醉了一样。

"可是最开始你似乎并不这么想，而是想用那些钱作为启动资金，靠自己实现愿望，对吗？"我指出她的前后矛盾之处。

"对啊，我胃口变大了……"桃子的醉意被我打破了。

"胃口变大其实不可怕，只不过，高需求意味着高风险和高投入。你需要分析一下自己目前的承受能力。同样管用的方式，有些人有抗风险的能力，再加上一些运气就可以成功，而有些人就不可以。"我继续冷静分析。

"老师，我知道这是一条荆棘路，现在我还没想好怎么走，您能给我一些建议吗？"

"现在还不是时候。不知道你有没有听说过'心理移动论'，这个理论认为，事件中的所有角色，都会对整个事件有一定影响。如果你希望我帮你更多，那你需要告诉我更多信息，比如老板的、他老婆的，还有其他所有涉事人的。"我拿出了自己的看家本领。

"老师，这些我都没想过，我下次告诉您可以吗？"桃子说完后，结束了本次咨询。

在新一次的咨询中，桃子并没有打听到很多其他人的相关消息，这也在我的意料之中。毕竟信息也是需要价值交换的，桃子身边出现给她情报的好心人的概率并不大。

"可是，我的愿望没有变，我想要的东西很多，我需要金钱、爱情、大家的认可和尊重，这些依旧没变。"桃子摸着自己的肚子说，仿佛在她的想象中，自己已经怀孕了，而且也已经非常顺利。

"可是目前你似乎一样都得不到，所以你感到十分焦虑，对吗？"我用了情感反映的技术。咨询师有时候要用一些情感名词来表达来访者说到、所体验到的感受，这些感受往往是来访者虽感受到,却不曾清楚地意识到,或未曾留意的,或者是自己不知道如何描述的。情感反映可以引导来访者注意和探索自己的感受和情绪体验,或把这些感受和与之伴随的情景、事实联系起来,达到对自己整体情绪的确认。情感反映也可以帮助来访者识别、澄清,并且更深入地体验情感,同时起到发泄作用。

"对,我这段时间可焦虑了,本来我吃得不错,是能长胖些的,但现在居然还瘦了几斤……可是我觉得我应该是可以得到的!"桃子依旧想坚持下去,一副背水一战的样子。

"你当然可以得到,但或许你需要一些方法,现在的状况,你好像是被许多问题'圈儿踢'了。"圈儿踢是被围攻的意思,我用这个词,是因为现在显然不能气氛太严肃。

"可不是嘛,所以我希望自己可以心态稳一些,就来找您了。老师,我听说您可以多线程处理问题。"桃子充满希望。

"这个其实也不难,但是你的期待有些高。我会把每个大任务拆分成一个个小任务,然后把各个小任务穿插排列,这样看似我就是在同时处理很多个大任务。就好像叶问所谓的同时打十个,其实是快速地一个个打倒敌人。"我做了一个出拳的动作。

"所以说,同时对抗多个敌人,其实是个伪命题?"桃子有些失落。

"如果真的是十个人同时围过来,叶问也打不赢。但是敌人总有先后上来的时间差,你的任务也有时间差。"我解释说,"就像一群人围攻你,你无法直接取胜,可以先跑离包围圈,来追你的敌人总有快慢顺序。这样对你的围攻就变成了一个个上了。"

"可是,我如果有金钟罩铁布衫,能扛住一群人的围攻,然后一下子把他们都打败,这样不是更高效吗?"思维活跃的桃子又开始了新的梦想。

"这样当然可以,如果你被围攻时还不会痛的话,那真的是无敌状态。"我先肯定了她一下,"可是,这种境界真的很高,我们普通人被打了都会痛,痛了就无法专心做其他事情,所以很难达到这种修为。"我做出了一个可惜的表情。

桃子陷入了沉思。

我等她沉默了半分钟,发现她依旧没有开口,于是尝试打破沉默:"其实,你最终追求的目标,就是处理好所有让你困扰的问题,至于过程用什么方法,其实有很多条路径啦,你没必要给自己那么多限制,金钟罩也好,咏春也好,其他技能也好,只要是适合你的方式,你都可以用,因为只要用得好，结果都一样，对吧？"

"那对我来说，现在最需要做的是什么呢？"桃子又开始关注怎么做。

"你可以想想看，现在最大的困扰是什么？也就是最让你坐立不安的那个。"我尝试找到她的目标。

"当然是他不答应我的要求，不肯娶我。"桃子一副被人掠夺的样子。

"那好，我们可以设置一个最坏的目标，就是他真的不肯娶你，这时候你要怎么办呢？"我又用上了自己常用的消极假设法。

"我尽量不让这种事情发生。"桃子咬着牙说。

"我们当然要尽量达成目标，可是对于不肯豁出去的人来说，我们至少要准备一条后路吧。"我知道，如果她是那种破釜沉舟的人，她也不会出现在我这里。

"我可以做更多事情稳住我的地位，比如给他生个孩子，如果他还不要我，只要孩子，那我就拿了分手费消失……不过这样会让我一辈子都不安心，我会挂念这孩子和孩子的父亲……"桃子说到这里使劲摇了摇头，"那如果我将来怀孕了又后悔，我就打掉孩子，以后再去找新的工作。您说可以吗？"

"要不要打胎这个问题，确实是个非常有争议的伦理问题。"基于相关的伦理,我尽量不在这里讨论这个问题。

"那您觉得是打好还是不打好?"桃子有些焦急,仿佛现在这个问题就出现在眼前了。

很多时候,来访者会让咨询师帮自己决定重要的选择。在他们的概念中,咨询师更加理性,更能做出高收益的判断。但事实上,来访者往往不是非常理性的人,所谓的理性选择,也并不能真正满足来访者的需求。

"这是你的人生抉择,我不能替你决定。"我看着她的眼睛回答,"不过有一点我可以保证,就是不论你选择哪条路,我都会支持你,不会站在一个道德制高点去谴责你。"

"为什么啊?之前有咨询师骂我骂得很惨的……"桃子感到很委屈。

"每个人都有自己的角色,你有你的,我也有我的——在这间屋子里,我的角色就是咨询师,我会做好自己角色的职责,就是帮你解决心理上的困扰。"我给她吃了颗定心丸。

"谢谢您,我觉得您非常适合做一个咨询师。"桃子变得轻松了不少。

"拿钱办事而已啦,广义上讲和按摩师也没什么区别,都是让你活得舒服点而已。"我云淡风轻。

"我觉得,将来要不要打掉,还是听听医院的医生怎说吧。"桃子如释重负。

听她这么说，我又提出了一个新的话题："你也可以好好想想，自己的才能在哪里，适合做什么？每个人都有属于自己的才能，哪怕是很小的事情也可以。佛陀有位弟子周梨盘陀迦记忆力非常差，记不住经文，佛陀就让他扫地。将扫地做到极致，最后也能有所成就。"

"嗯，天生我材必有用，我想我也有属于自己的'才'，只要我多做几种工作，一定会发现的。"桃子点了点头。

"年轻的时候，人生还有很多可能，哪怕多换几种工作，也是非常正常的现象。"我继续安慰她。

这次桃子的情绪好了很多，并且和我约定几天后再进行第三次咨询。

桃子的第三次咨询非常顺利，我也了解了更多关于她的资料。桃子的家庭比较困难，父母都是辛勤劳作的人，这让桃子成了留守儿童。很显然，她的父母把更多时间留给了社会，而不是家庭。

很多时候我们会夸大努力工作带来的裨益，可是心理学家发现过不一样的结论。1924年到1932年之间，哈佛大学的乔治·埃尔顿·梅奥教授在霍桑电器工厂做了一系列实验，证明人不是简单的机器和动物，只会计算金钱收益，而是有社会学和心理方面需要的"社会人"。这就是"社会人假说"。

和"社会人假说"一致的是，桃子也不仅仅需要金钱，更需要被爱的感觉，确切地说是"被呵护"的感觉，这弥补了她缺失的父爱。而大老板的出现，让她一下子"实现"了所有的梦想，所以她觉得自己"必须抓住这一机会"。

"这个机会是不错，不过代价非常大，如果他的妻子和你硬碰硬打消耗战，你觉得自己的成功概率有多大？"我说到了关键问题。

"我好像除了可能会有孩子之外，其他什么都没有……那我年轻算不算呢？"桃子一副病急乱投医的样子。

"我的建议是，在自身能量储备不足的时候，消耗战这种事情，能不打就不打。如果你非要打的话，要有承担后果的心理准备。"我用上了兵法中的思维。

"如果我无法承担后果，就先不要选择这条道路，对吧？"桃子有些艰难地说。

"只有当你做好心理准备的时候，也就是能接纳一切结果的时候，才是合适的时机。"我继续解释，"你现在进入了一个阶段：从此你要为自己的选择负责，也要接纳自己的幸运与不幸。"

"老师，您一直强调接纳，这让我觉得很消极，那么我们就什么都别做了，是吗？"桃子有些疑惑，又有些愤怒。

"不是,我只是说接纳是第一步,然后我们才能开启其他的步骤。就好像你想修复一些东西,首先就要接纳它的现状。"

"我想修正我的原生家庭,我现在接纳它的不健康,然后呢?能变好吗?"桃子有些激动,接下来她花了二十分钟,用指责的口气来痛说家事。

"这么多年,辛苦你了。"我递给桃子一杯水,"你的家庭有很多让你不满的东西,我们无法一次性解决,那就一点点来,把大任务拆成小任务,就像上次我们说的那样。"

"我知道,大病初愈就吃大餐,病人也受不了。"桃子擦了擦眼泪,自嘲地笑了一下。

"我们每个人的原生家庭都有不幸的事情,我们也都想修复它,可是发生的事情是历史,历史是不能修改的。"我再次摆出一个真相。

"那该怎么办呢?等死吗?"桃子咬了咬牙。

"除了历史之外,我们还有当下和未来。只要我们做好当下的事情,未来会越来越符合我们的愿望。与其一门心思地复仇,去改变他人的看法,还不如改变自己。只要你变得更好,他们都会对你刮目相看的。"之后我引用了荣格的观点,建议她关注未来。

"老师,道理我都懂,可是要做到,恐怕还需要很长时间。"桃子还有些底气不足。当然,这也是正常现象,几乎每个力求改变的人都会遇到这个问题。

"没关系,只要你愿意一步步走,早晚有一天,你会达到目的地的。"可喜的是,好消息还是存在的,桃子虽然痛恨现在的生活,但她改变的心理动力很足。我给她举了个例子:就像人类历史上,大部分国家的体制改变都伴随着翻天覆地的"破而后立",那些在危机面前妄图通过"小范围、慢修正"继续享受原来生活的王朝,无一例外地灭亡了。

"和您说话,我变得更有信心了一些,不过我怕我只是现在有信心,如果真要去妇产医院,不论是打胎还是生娃,我恐怕又要情绪失控……"桃子依旧有些担心。

我继续安慰她:"没关系,我这里的大门永远向你敞开。"

"我还有个问题,您说的人要符合各种社会角色,让我感觉都是套路。这样您不会感觉活得很机械吗?"桃子有些不安。

"如果我只有一个工具,并且做所有的事情都用它,那确实挺机械的。可是我有很多工具,也掌握了很多套路,我更喜欢'规则'这个词。当我明白了交规,我就可以上街;我明白了菜谱,我就可以做菜;我明白的规则越多,我就可以在更多的场景安全地操作更多事情,这才是我们现在可以快乐生活在人类社会中的前提,我觉得这些规则,反而是一件可以让人类区别于其他物种的骄傲之处。"我用生活中的案例来给她解释,让她了解到,规则和法律、程序一样,实际上是让人类生活更自由的保障。

"明白了,只要我把各个角色的规则活学活用,我就可以过得更好。我知道接下来要怎么做了。"桃子若有所思地点点头。

"你准备怎么样呢?"我继续问。

"我现在先不做决定,因为我有可能反悔,但是不论如何,我只要接受结果,就不会把大量的精力放在情绪上,就有机会把事情往好的方向引导。"此时的桃子已经比之前强大了不少。

送走桃子之后,我在记事本上写了如下一段话:很多人希望心理师可以帮助搞定他人,但是很多人都无法控制自己,还总想着控制他人,这无论如何都是没有说服力的。只有能自控的人,并且在良性自控之后取得一些成就,才能够成为榜样,影响身边的其他人。如果自己不自控,单纯对其他人要求严格,那就会像禁酒的吕布那样,被身边人抛弃。

在本案例中,桃子的目标看上去实现不了。我是心理师，需要做的是引导她去思考，走向更开心的路程，即便结果和她最早的预期并不相同。如果她和身边的朋友们商量，朋友们肯定不赞同她这么做，她自己也肯定知道这事儿不好办。但是她不会相信那些反对言论，因为她如果不自己亲自尝试一下，她肯定不会甘心就这么放手。因此对于此类来访者，咨询师不可以对其进行批评，不要让她感觉自尊心受损。其实，心理咨询本来就不解决实际问题，而是帮人找到能够自助的能力。不论她选择什么，她都要为自己的选择承担后果，我们能做的就是让她更能接纳自己的选择，这样她也更能接纳自己。当然，我会帮她分析出各种选择的风险和收益，但最终决定权始终在她。

在最后一次咨询中，我们大致推演了一下，如果桃子在老板面前坚持己见会怎么样，最后桃子以孩子为"筹码"，和老板在一起。但是故事似乎并没有完结。

"他就算被我打败了，也好像输得并不心甘情愿？"桃子并不快乐。

"没有人会输得心甘情愿。"我说。

目前初步分析，我觉得桃子的问题是角色混乱导致的。角色混乱是指个人的方向迷失，所作所为与自己应有的角色不相符合，最后可能在适应困境时学到某些不当的异常行为。通常，角色混乱发生在青春期。桃子还算处在青春期末尾,显然她也没处理好自己的角色。

精神分析鼻祖弗洛伊德,在叙述犹太人的自我意识和民族连带感时,使用了"同一性"一词,他的徒孙埃里克森根据这个词提出了"自我同一性"——他认为青少年形成同一性的过程可以被称为"同一性危机"或"青春期心理危机"。如果能够顺利度过青春期的心理冲突,也就是处理好角色混乱,那就可以形成"成熟的自我同一性"。

自我同一性是青少年人格发展的主要成果,是一个人成为有创造力的、幸福的成年人的关键一步。同一性的建立,包括明确自我身份、自我价值和选择的未来生活方向等。良好的自我同一性建立,会直接关系到未来的角色认同。角色认同是一个人的态度及行为与本人当时应扮演的角色一致,即接受角色规范的要求、愿意履行角色规范的状况。在这个案例中,桃子本来是作为"打工人"的形象出现,但由于角色混乱,又让她对老板产生了恋人的错觉。她最开始只是想要赚钱,后来又想通过傍大款赚钱,再后来又希望得到婚姻与爱情,甚至不惜先产生"爱情的结晶"。显然她目前的行为早已经偏离了初心。

自我角色混乱,或者说角色认同没做好,是大多数心理冲突的表层原因。作为一个社会人,很多时候角色就是当下的存活状态,如果用一种角色的规范去履行另一种角色的任务，那肯定会出问题。但角色混乱是大多数心理冲突的表层原因，深层原因另有其他。

对于"角色混乱的深层原因"这个问题，不同的学派有不同的观点，不过我比较推崇的是：深层原因分为内因和外因。内因是内驱力的压抑；而外因是过度关注他人，也就是外归因倾向。内驱力是精神分析学派的概念，内心一定有一股压抑的力量，这样才会让她有能力产生冲突——因为冲突就像双方交战，是一种剧烈的行为，一定要有力量才行。如果一个人单纯的无力，自己内心也没有向上的动力，对这种无力感也不产生批判，那就很难形成心理冲突了。

而外归因是美国社会心理学家弗里茨·海德提出的，包括机会和他人影响、环境条件等外在影响因素。但是单纯的外归因并不能形成心理冲突，外归因之后尝试通过控制他人而扭转自己的境遇，才是他们的认知误区，一定会导致他们的内心冲突。

不论其内部的心理根源是什么，这个案例依旧是一个非常有争议的存在。我的小助理曾经问过我一个问题，这也是无数来访者都问过我的，"你觉得她这么做，是正确的吗？"

我的回答是，"当站的角度不一样时，谈论对错没有意义。只要她不触犯法律,我们作为咨询师,没有资格站在一个道德楷模的角度,来评价来访者的对错。"如果人人都能不站在自己的角度评价他人,这世界上会少很多纠纷,但是我们无法控制他人的言行,所以,至少允许来访者在我这里,有一段不受评价的安全时间。

Case 4：

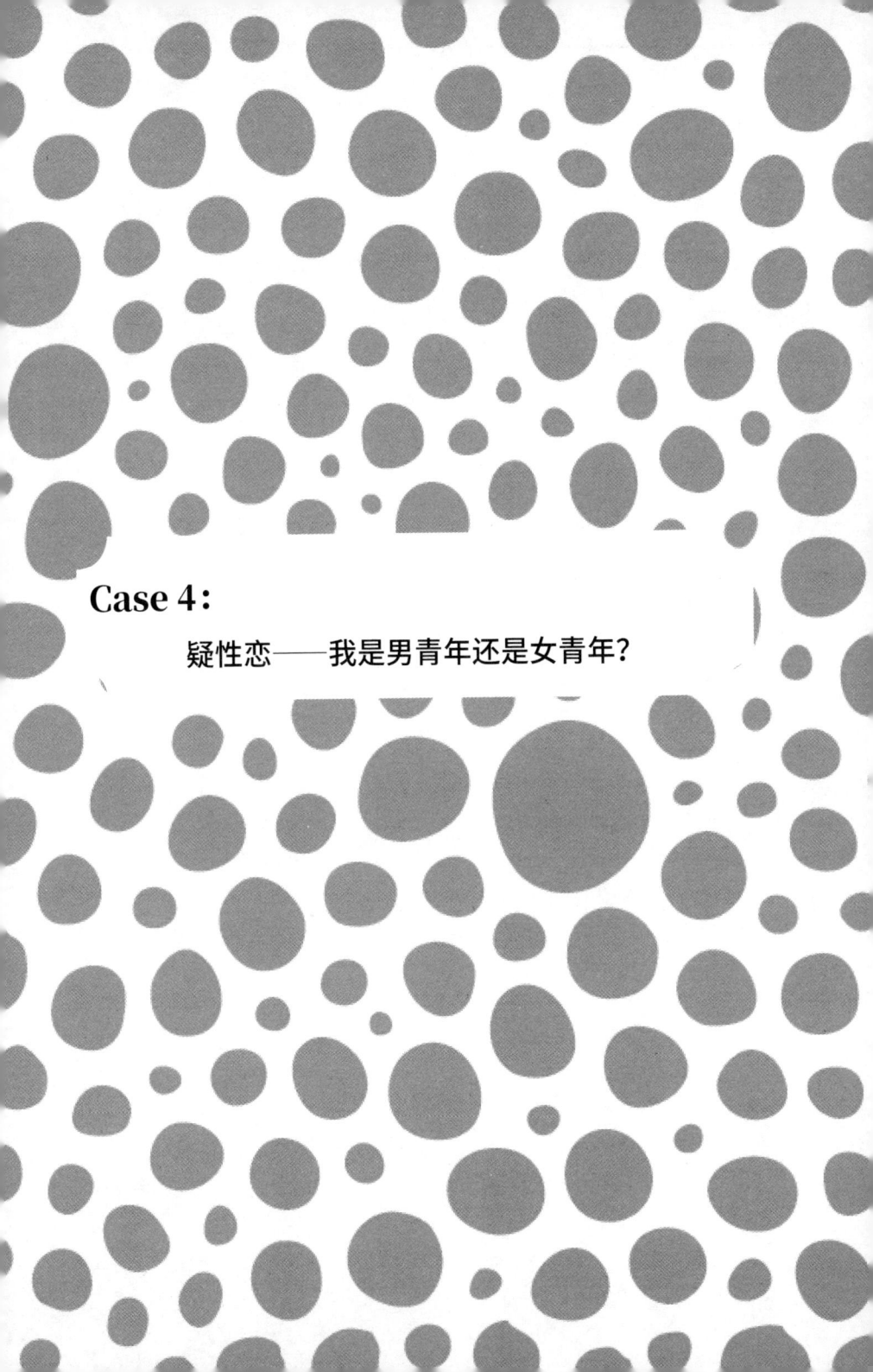

疑性恋——我是男青年还是女青年？

Case 4: 疑性恋——我是男青年还是女青年？

我手中的资料卡上，性别那一栏写的是男，但这个"男"字被划掉了，又重新写上了一个男。这是一个18岁的学生，在读高三，代号小俊。小俊的问题是：我想知道自己的性别到底是什么？很明显，这是个关于性别认同障碍的问题，只是在没有接触个案的时候，尚不能判定它一定达到了障碍的程度。

小俊是个看上去有些柔弱的男孩子，坐下来之后，第一句就是："老师请放心，我已经保送到名校了，所以你不用担心我的学习问题。当然我不是故意炫耀啊，我就是运气好而已。"

"不论是什么问题，我都会尽力用我的专业知识帮助你的。在这里想说什么都可以，我们有保密协议。"我给他宽心。

"我之前一直是个平平无奇的男生，可是最近我发现，我有可能不是真正的男生。我最近对于其他男孩子，似乎有一些想和他们亲近的想法。看到球场上一些男生打球，闻着他们汗珠的味道，甚至会有些动心的感觉……这种感觉我没敢告诉任何一个人，我怕他们说我不是男性……"小俊低下了头，他显得有些自卑。我们的文化（当然也包括世界上绝大多数文化）都强调男性要阳刚，所以许多男性将自卑的一面隐藏起来羞于表现，其实自卑是人很正常的一种心理评价，并没有想象中那么可怕。心理学家阿德勒甚至认为自卑是个体向上的动力。于是我准备让他的自卑感更具体化一些。

"你怎么评价你这种感觉呢？"

"我在看男生流汗的时候觉得特别有魅力，可是过后一想，又会觉得自己有点变态——毕竟我以前从来没喜欢过男人，我之前也想着将来有个女朋友什么的，最近才有这种喜欢男人的想法。"

"我们的文化确实对同性之间的亲密关系不太宽容，但你放心，即便在心理学层面，同性恋也不算病。1990年，世界卫生组织（WHO）就将同性恋从精神疾病列表中删除了，2001年，中国精神病分类目录里也进行了同样的删改。可能有些年龄比较大的人不知道这条消息，或者不接受这一现状，但从专业角度来看，确实同性恋已经不是心理疾病了。"

"可是，我不想变成同性恋啊。"小俊小声说，"我还想将来娶媳妇生孩子呢！可是我见到比较健壮的男生就是会觉得有那种感觉，你说这是咋回事呢？"

小俊曾经差点去参加所谓的"扭转治疗"。现在某些心理机构，抓住了同性恋和跨性别者群体以及其监护人对于非异性恋性取向的恐惧痛点，用所谓的科学方法进行治疗，声称能改变性取向。其实大多用的是厌恶疗法，比如将有性快感的感受和厌恶刺激相连接，包括但不限于厌恶想象、电击、催吐药物等，形成一个负性的条件反射，让当事人对原来的倾向对象一动心就难受。《中国性科学》杂志的调查表明，国内大约有三分之一的业内人士支持这些治疗手段。不排除其中隐含的巨大经济利益持续催生这一产业运转下去的可能。虽然大部分业内人员不认为非异性恋是病，但依然以治疗为名收取高额的检查费和治疗费，每小时上千元，每个疗程最少要五六次。

幸好小俊胆子没那么大，也没那么多钱，可是他实在担心自己可能面临的歧视，甚至已经先开始歧视自我，所以他只好找到了我，这个号称北京性价比最高的咨询师。

小俊告诉我，他在现实和网络上都见过同性恋和双性恋者遭受到各种攻击的情况，包括言语和肢体上的。他有时候也想象过未来自己和女性组建家庭的场景，每当这个时候，他对男性的渴望就消失了，甚至会觉得这类想法有些可笑。可当见到英俊的小伙子时,脑子里又会蹦出和他们"贴在一起"的想法。

"我有时候也会怀疑,我这是双性恋?"小俊结结巴巴地说。

"你也不算双性恋。性学泰斗金赛曾经提出,人类的性取向实际是一个概率问题,很难有百分之百的同性恋或异性恋。我们大多数人都或多或少对于同性和异性都存在过好感。不过你这也不是双性恋,双性恋是一种稳定地同时喜欢两种性别的状态,而你这种明显是状态有改变。2008年,有心理学家提出了一个词:性取向流动说,认为人的性取向是可能会随着时间和环境发生变化的。"

小俊看上去轻松了一些,我鼓励他把自己的焦虑点说出来。果然,他主要还是怕自己的性取向受到别人的嘲笑。

"我们的社会现状对于异性恋之外的性取向确实不够包容。"我帮小俊分析,"如果你觉得自己很难接受外界可能存在的抨击,即便你选择将此作为一个秘密,也是无可厚非的。"

小俊挠了挠后脑勺,问道:"为什么我会有这样不常见的性取向呢?"

"从生理心理学的角度看,激素和遗传因素都能导致同性恋。有些是后天的激素分泌失调,有些人在母体内

Case 4：疑性恋——我是男青年还是女青年？

就出现了激素失调——例如母亲的雌性激素大量进入男婴体内。"

"我听说同性恋还和基因有关系，这遗传因素怎么会导致同性恋呢？他们不是没法有后代吗？"

"除了少数有形式婚姻的个体外，同性恋的基因确实不太容易传下去，但是他们的兄弟姐妹身上有可能也携带有相似的隐性基因。不过理论上来说，任何人都有可能带有这类基因的。"

"嗯，我还在书上看到，世界上存在假男人和假女人。他们的外表和实际的性别并不符合，到了青春期才会显现出来，我就特别怕自己是个假男人。"

"如果你真的不放心，那不妨去医院检查一下。这种事情概率极低，在你没有确诊之前，先不必自己给自己预设一个小概率的可怕结局。"

听了我的讲述，小俊看上去放松了不少。我给他布置了一个作业，让他回顾自己的成长轨迹，并约定几天后再次进行咨询。

下班之后，我和 M 老师约在一家餐厅见面，当然这次是提前订好的聚餐。

M 老师依旧很"八卦"："最近又遇到什么特别的案子了？说说看。"

我说:"最近还好,下午遇到了一个男孩,怀疑自己的性取向有问题,他开始对男生感兴趣了。"

M 老师的眼睛突然睁大了一些:"你有没有多问一些细节?"

"什么细节?"

"比如,有没有想象和男生发生亲密活动,喜欢什么场景?什么时间?对方是什么样的男生?熟人还是陌生人?"M 老师很熟练地列举了一些问题。

"要问这么细吗?"

"当然,他的偏好,背后能透露出他的愿望。"M 老师有些神秘地说,"而他的愿望,就是他缺失的部分。每个细节里,都会透露出一定的人为赋予的意义。"

"您还是这么细致。不过走这种分析路线的话,咨询期会很长,我想给这个孩子省点钱。"我一边给 M 老师倒茶一边说。

"那也可以,如果你想用更直接的方式来帮助他也行,但有一个关键细节你不能漏掉,这个案子一定有关于……"M 老师顿了一下,我俩异口同声地说:"他父亲!"

几天之后,小俊再次预约了我的咨询。第二次来咨询时,他带来了两个消息:他的激素水平完全在正常范围内;而他的成长轨迹图,他却不太明白该怎么描述。按照他的理解，成长由很多重要事件组成，而他似乎缺失了很多重要事件，尤其是关于他父亲的重要事件。而对于性幻想层面，他之前并没有考虑过多。

"我爸爸好像经常出差，回家的次数不多，我对他也没有太多印象深刻的互动……不过有一件事我忘不掉：我记得一个场景，他在大声拍打着电视，对我怒吼着一些东西，我当时很生气，但是说不出话来。"小俊回忆着说。

"所以，你对父亲的概念是？可以用几个词描述吗？"

"大概是敌意吧，虽然现在他会给我零花钱，但是我丝毫不觉得他好。至于那个场景，时不时会出现在我脑子里，我已经记不清这件事是什么时候发生的了，也不记得经历过几次，或者有可能它并没有发生过，而是在我的梦里……"

"总之，整体印象不太好，是吗？"我总结了一下他的话。

"确实是，其他的小男孩或许会和父亲玩得很开心，而我这方面似乎是缺失的。"

"那你会有失落感吗？"

"这我倒是没有仔细体味过，因为我的大部分时间都和我妈妈在一起，那时候我还是挺开心的。爸爸和妈妈似乎也不怎么好，但是妈妈也没抱怨过爸爸。"

"那她平时都怎么评价你的爸爸呢?"

"她好像把我爸爸给忽视了,都是她平时带我一起吃饭、看电视、出去玩。我记得有一次,好像我才四五岁,我妈妈带着我到游乐园去,让我看她打气枪,她打枪的样子非常帅。"小俊脸上露出欣快的神情。

"那你在现实中遇到过你妈妈那样的女性吗?"

"没有。我妈是任何其他人都比不了的。"小俊坚定地说。

现在我们有了如下线索:一个崇拜母亲、对于父亲有敌意的儿童;一个有些男性化的母亲;一个被忽视的愤怒的父亲。这在我们的文化氛围内并不罕见。

"我还有最后一个问题,你和父亲关系并不友好,你妈妈对此怎么看呢?"

"她觉得这没什么不正常,也没说过让我跟我爸多接触——她也不希望我这么做吧。"

我和小俊继续整理这些碎片,还原出了这样一个故事:

小俊的父亲在早期因为某些原因,疏于陪伴自己的妻子和儿子。小俊的母亲经常独自带孩子,把自己变得非常坚强(也有可能她本来就很坚强),同时加倍忽视自己的丈夫。妻子在家为了不和丈夫接触太多,大多时间都在和小俊看电视。小俊妈妈喜欢看战争片,因为这类片大多数是男性互相打斗，有种看敌人自相残杀的快感。终于有一天（或者是许多天）父亲发现自己在这个家显得可有可无，无法忍受自己被忽视，想和妻子谈谈。而小俊的妈妈依旧不愿理睬，因此他爸爸拍着电视和妈妈吵了起来。一直和妈妈有深度心理连接的小俊也认为父亲将敌意指向了自己。母亲对于面前两个男性之间的斗争也处于消极的支持状态，甚至还会有些希望这种状态保持下去。

但由于小俊自己过于弱小，无法和父亲对抗，这种敌意和俄狄浦斯期的恋母情结共同作用，最终产生了变形，在他进入择偶早期时，下意识地将富有男性魅力的个体作为择偶对象。

"俄狄浦斯期的恋母情结？听上去好像有些变态啊！"小俊有些惊慌。

"俄狄浦斯期是每个人性心理发展的必经阶段，在这个阶段我们开始关注自己和身边人的性别，而异性父母则是我们认识的第一个异性，成年后也会影响择偶状况。因为对异性父母有占有感，所以这时候的孩子会把同性父母看成竞争者，这都是正常的情况。心理学家弗洛伊德用希腊神话中杀父娶母的俄狄浦斯作为类比，只是一种夸张的说法。"

"所以说，我的整体情况还是正常的，其实我不是性取向发生了变化,而是因为我看到的那些男生恰好符合我对于另一半的期待?"小俊似懂非懂。

"是的,能发现这些,恭喜你对自己有了新的了解。现在你也不必太纠结于自己的性取向到底是什么,因为疑性恋也是非常常见的。不过,不论你的取向到底是什么,只要自己是快乐的,同时不侵害到他人,这都是你的自由,是值得接纳的部分。"

早期的同性恋研究中,将同性恋中扮演符合自己生理性别的个体称之为"性别选择障碍",而扮演不符合自己生理性别的个体称之为"性别认同障碍"。在流行文化中,喜欢伪异性的 1 和 p 就是"性别选择障碍",与之对应的 0 和 t 就是"性别认同障碍"。如今,相关心理学家和医学家对于跨性别者的认识又有了新的观点,像种族歧视、性别歧视已经受到广泛抨击一样,性取向歧视也逐渐变成了一种受到冲击的旧规。

而小俊的案例,则是比较典型的疑性恋。疑性恋指的是一个人对自己的性倾向或自我性别认同抱有疑问的状态。2018 年一项针对湖南省四千多名高中生的调查显示,有 15.4% 的高中生对自己的性倾向并不确定。虽然这个概念在生活中不常见,但其下存在着庞大的"隐性人口数量"。疑性恋的成因尚无定论,有观点认为,这或许是一种对"恐同氛围"的适应，因为这样比直接声明自己是同性恋更多了条后路。还有些观点认为，将自己的性取向放在一个模糊的范围内，会让疑性恋者拥有更多的选择，这对于他们是一种舒适状态。

关于疑性恋成因的研究目前还比较少，有些学者用澳洲心理专家 Vivienne Cass 的同性恋身份认同六阶段模型来解释。该模型认为同性恋的心理认同分为：困惑、比较、容忍、接受、骄傲、整合六个阶段。而疑性恋者被认为仅仅处于前两个阶段，是一种不成熟的状态。然而该模型只适用于解释单纯的同性恋心理，按照性取向流动说，性身份成熟后，依旧有可能保持在"疑性恋"的状态中，而不是由于不成熟被迫停滞在这个阶段。同时，在人的一生中，性取向的变化也并不是单向的，一个人可能反复进入疑性恋阶段。

异性恋之外的性取向，常被排除于主流性观念之外。它们曾经被认为是精神障碍的一种，甚至受过很多迫害。随着社会观念的改变和科学的研究，在世界卫生组织新发布的《国际疾病分类》第 11 版中，性别认同障碍（又翻译为易性症）正式更名为性别不符（Gender Incongruence），并且将其从精神疾病名目中删除。很多非异性恋者之所以精神上的表现不正常，并不是由于他们本身的性取向，而是由于他们长期处于有歧视的生活环境中。

由于社会文化，性别认同障碍的男性患者大大多于女性。因为女性可以穿男装，但是男性穿女装、使用化妆品等则会遭到更大的非议。由于国内对这类研究较少，导致了很多孩子悄悄形成了心理障碍，并没有被及时发现。通常，3岁以后的孩子（也就是进入性蕾期时）会意识到男女差距，并且逐步做"符合自己性别的社会期待"的事情。例如男孩会选择武器和机械类的玩具，而女孩会选择娃娃和炊具之类的玩具。但有些孩子或许受他人影响，或者是出于自发，会开始选择有异性特质的玩具，这也是一种正常情况，就像有些男人比较胆小、有些女人比较粗犷一样，并不能和性别认同障碍画等号。但如果异性特征过高，以至于形成其他恶性评价（常见的是反感自己的生理性别、器官、发育等），从而产生了巨大的心理冲突，这就很有可能是性心理障碍的范畴了。

可是对人类性观念影响最严重的还是原生家庭因素。在本案当中，父亲角色的缺失，让男孩子失去了最初的模仿榜样，对男性概念认知不稳定，久而久之就出现了偏差。现在他不必每天和父母住在一起，有了一定的自由，所以这种想法才真正释放了出来。而这些想法显然和他之前受到的教育是相违背的，由此小俊就产生了心理冲突。从小俊和我的第一次对话可以得知，小俊是一个生活在规矩中的人，他极力尝试让自己的行为显得"合理"，同时避免会给别人带来负面感受的措辞。而这种类似强迫行为的自我约束感，和他对于亲密关系的渴望，共同构成了他目前的心理冲突。

"也就是说，我这个看似是一个关于性心理的问题，实际上是个家庭教育问题？"小俊又陷入了沉思。

"很多心理问题并不是像表面看上去那么简单，因为人类的心理内容是广泛联系的呀。你之前接触的那种扭转治疗，其实就是头痛医头脚痛医脚，可能那些被治疗的人不敢再想同性了，但是也不可能因此就对异性感兴趣。"我继续解释，"只有深入理解成因，才能有机会从心理角度认可新的观点。"人类的性相比动物来说，早已经不再是单纯的繁殖行为，而掺杂了许多复杂的东西——比如爱、依恋、归属感、责任感、道德、禁忌甚至发泄、报复、嫉妒等，有很多早已超出了动物的理解范围。

"或许比起马上解决自己的性取向问题，与我的父母和解，哪怕是暂时的和解，获取更多的心理支持，才是应对此时焦虑感的更好方法吧。"小俊为自己找到了新的出路。

"你的父亲还经常给你零花钱，说明他并没有彻底和你断开关系。所以你可以找个机会，好好和他谈一下，虽然不能直接告诉他你的性取向，可是他一定有好多东西想和你说。"我试着让小俊看到事情好的一面。

像大部分的年轻人一样，小俊脸上露出了为难的神色："这方法好是好，可是估计要等到比较长的时间以后我才会去做。如果我主动找他，我也觉得别扭。我还觉得，不能给他添麻烦，即便我不喜欢他。"

"这当然是一项艰巨的任务，也是很多来访者卡住的地方。你潜意识中认为，这是一件很难的事情，对吧？"我尝试总结他的想法。

"不是我认为，而是这件事绝对很难！"小俊用力抓了抓膝盖。

"没关系，这件事也不是必要的，反而很多抱着修正原生家庭观念的人，更容易出现新的问题。因为并不是每个人都可以用商量来解决问题。"我给小俊举了个例子，很多来访者都会希望改变自己的父母，然而父母也希望改变来访者，于是双方进入持久的消耗战中，冲突愈演愈烈。当然，有时心理治疗也可能加重当事人与现有问题的斗争，让当事人产生更多焦虑。从咨询师的角度评估，这种焦虑的出现完全是恰当的，就像体内白细胞和病原体的斗争一样。

不过事情有好的一面，家庭关系往往会遗传。因此我大胆推测，小俊的父亲，也来自类似的家庭：小俊的奶奶比较强势，爷爷比较没有存在感，于是小俊爸爸的择偶观受到了影响，导致他找到了一个类似的女人。但是每个人都会对自己的命运有所挣扎，小俊爸爸的挣扎是和妻子吵架，而小俊的挣扎是对同性产生好感——这种比较强壮的青春期男生，没有成熟男性的那种魅力，男性化程度恰恰和小俊妈妈那样的女汉子差不多。不过，即便小俊真的找到一个同性伴侣，我们也不能确定那个伴侣成熟后，会产生什么样的结果，当然也会有可能延续上一代的固有模式。家庭悲剧确实是会遗传的。

我继续帮助小俊推演："由于时间具有单向性，发生的事情是不可逆的。当困难太大时，与其专注于修正过去，关注未来才是更重要的治愈之路。如果你能让类似不健康的亲子关系不再出现在你未来的家庭中，那么也相当于你修正了过去。"

"可是未来太遥远了，我可能还要一个人走很久。"小俊虽然这么说，可是语气却不是很失落。

"你进入大学后，会有很多新朋友，同时，你的家人也一直在背后关注你。如果你有什么需要帮助的心理问题，也可以来找我。毕竟你会求助，已经比很多沉迷在心理冲突中的人要强很多了。最可怕的就是明明已经穷途末路，但是依然不肯改变。"

"所以我能改变就比别人多了一条路——我竟然又获得了一个优点，意外收获啊。"小俊有些得意地打了个响指。

小俊的问题在青春期人格整合过程中的孩子里非常常见，只是由于文化氛围等原因，许多人都选择了忽视，小俊也不可能在几次咨询中彻底治愈——因为人天生就具有对孤独、失去自由和承担责任等状况的恐惧，加上文化禁忌的沉重外壳，这些都是作为社会分子必然要面对的存在性问题。然而我们咨询师可以寄希望于当事人尽可能地提升自己，肯定自己，更加接受自己的现状。毕竟，承认自己的不足和有限性，是开始治愈的第一步。即便渡过了这次难关，坏情绪也会作为一种不可或缺的自我保护功能，陪伴终身，从某个角度看，这也是一件好事。我给小俊介绍了一些常见的自我调节方式，但同时也提醒他，不必强求自己一直保持好状态，有问题解决不了的话，一定要学会向周围人求助。

小俊目前已经渡过了眼前这一难关，但作为一个男性，终身都要和自己的性冲动搏斗，也会遇到各种各样的"妖魔鬼怪"，以后的路，还长着呢。虽说不知道具体会有什么困难，但是只要能愿意解决问题，总是会找到出路的。

Case 5：

代理性吹牛大王综合征——我的问题就是她的问题

Case 5：代理性吹牛大王综合征——我的问题就是她的问题

在我面前的是一位 50 岁左右的女士，代号"沈阿姨"，是一个单亲妈妈，女儿二十出头。和所有这个年龄段的母亲的关注点类似，这次她也想咨询关于女儿的问题。这本来是再普通不过的一个案例了。

沈阿姨一坐到我面前，就没好气地说："我这个女儿啊，你是不晓得啊，她那个脑子有毛病的！"说着还快速用食指点了点自己的太阳穴。

"您可以具体和我说说，只要不是特别严重的问题，我有信心给您提供帮助。"

"她啊，今年 20 多岁，大学才刚毕业，就看上一个 50 岁的老头子，现在都商量着要住在一起了，哎哟，你说这还不叫脑子有毛病啊？我劝她赶紧和那个老头子分手，要不然就和她断绝关系，可是她不晓得中了什么邪，就是不听啊！真是气死我了。"沈阿姨简直气急败坏。

"这种状况持续了多久呢？"

"已经半年了，我找了好几个心理咨询师，让咨询师给她打电话,还让亲戚朋友打电话劝她,可是她就是不听啊,还说再劝就和我断绝关系,哎哟,这怎么行啊?"沈阿姨之后花了半小时时间诉苦:孩子10岁时她就和丈夫离婚了,她一个人又当爹又当妈,非常不容易地把孩子拉扯大,现在孩子竟然做出这样的事情,不仅和老头子恋爱,还要和亲妈翻脸,这真是把全家的脸都丢尽了!

"您这种状况我很理解,如果我的孩子这样,我也会很着急的。我想了解一下,你们之前的互动是什么样子呢?她一直都这么不听话吗?"

"我这个女儿啊,她之前还是蛮听话的,虽然时不时会闹点别扭,但是最后还是会听我的。"沈阿姨回忆着,脸上洋溢出幸福,似乎对于她来说这是最开心的事情。

"你不晓得我这些年多不容易啊,她十岁的时候得了多动症,我带她反复去医院检查,花了好多钱,最后终于给她治好了。高中的时候,她又要和一个男老师早恋,这就是心理失调,也是病,我又找了好多医生才给她治好,要不然她怎么能考上大学啊?到现在这样,就是不知感恩。"

"那么,你希望我做什么呢?"我看时间差不多了,终于进入正题。

"她这个病怎么办啊?我听说你专门接那种奇奇怪怪的案子,你有没有解决办法啊?就算没有也不要紧,让她明白自己这是什么病,承认自己有病,这就是治疗的第一步啊!"沈阿姨的想法听上去非常专业,看来确实找了不少心理医生了。

沈阿姨现在将话题全部聚焦在自己女儿身上,可是心理咨询的原则,是要聚焦于来访者,也就是和咨询师面对面的当事人,可此时的她完全没有谈论任何关于自己的问题。我决定先顺着她的思路展开,再慢慢把话题扭转到沈阿姨自己身上。于是我开始分析:"根据你的描述,你女儿的情况大概是'力比多固着',不知道你有没有听过这个词。"

沈阿姨摇摇头,我接着解释:"力比多,有时翻译为性驱力,是所有有性生殖动物的基本生命动力,在精神层面的表现就是各种欲望。根据弗洛伊德的理论,人类在不同发展阶段,力比多会分布在身体的不同区域。如果在心理发展的某个阶段得到过分的满足或者受到挫折,就会使人沉迷于这个阶段的快乐,或者长期致力于解决这阶段的遗留问题,导致力比多的固着,无法正常地进入性心理发展的下一个阶段。10岁左右正好是力比多的潜伏期。这个阶段人会主要关注学习和游戏等对外的活动,而此时的力比多固着,表现在外显行为就是各种过多的动作,甚至多次冲破规则。只爱打打杀杀的梁山好汉大部分属于此种类型。"

听到我说她女儿确实有问题，沈阿姨终于松了一口气："我问了好几个咨询师，有的人还说我女儿很正常，甚至说我有问题，你是第一个让我听了觉得赞同的。"

我接着解释："你女儿确实有问题，但同时她也很正常。"

"这要怎么说呢？"沈阿姨瞪大了双眼。

"就好像一个人腿瘸了，他确实是病人。但是他的腿是因为受了很严重的伤，比如被车猛撞了才瘸的，这就是很正常的结果。只有那种极端案例，比如一个人的腿被汽车猛撞都没瘸，被轻轻碰一下就瘸了，这才是真的异常。现在你女儿这样，是因为她遭受了会造成这种情况的刺激，这点看来她是正常的。只要她符合大多数人的心理规律，这事情就好办。"

"我对她挺好的呀，她怎么可能会受刺激呢！"沈阿姨非常惊讶。

"或许她并不认为你给的东西是让她满意的东西，当然你可以说她不懂感恩，但这又是另一个问题了。感恩是一种很崇高的感觉，我们也无法让她一时半会儿就学到。"

沈阿姨的脸抽动了一下："她真是个白眼狼，不过我一点都不奇怪。这都是随他们老姚家的根！她爸爸就是这种人！"

沈阿姨又为女儿的行为找了一个看似很合理的解释，可是这个解释恰恰把她引向不归路。我顺着她的话说："根据目前的科学技术，一个人的基因是改变不了的。如果真是基因导致了她的性格，那么她一辈子都会这样。"我怕沈阿姨又冒出什么可怕的疗法，接着说，"除非她遭受核辐射基因突变，可是那种突变是不可控制的，大部分人会被辐射致死。"

"那要怎么办啊，这种事情无解了吗？"沈阿姨似乎站起来要走，但终究没动。

"不是无解，后天的教育也会塑造人的一部分性格，你女儿还年轻，所以有救。"我淡定地说，"就像抓鸟需要诱饵，你如果希望女儿听话，也要先给她一点诱饵引她回家，否则就'将在外军令有所不受'了。"

"她这么过分，还要我给她好处？"沈阿姨显然不同意。

"你为她付出了这么多，现在还差再给点吗？咱们得讲策略，这也是为她好啊。"我抓住沈阿姨的关注点鼓励她。

"好好好，我听你的，然后她回家了怎么办？"

"如果你和女儿关系好了，你就可以让那个老头子来家里。"

"我还让他来家里，我呸，到家里我给他吃一顿拳头。"沈阿姨又冲动起来。

"别着急,我有办法,不战而屈人之兵。你就像对待孩子一样对待他,他肯定会难受得要死,自己就会走了。"我一副胸有成竹的样子。

"好,这么听起来也是挺简单的。"沈阿姨终于有了高兴的表情。

沈阿姨走了以后,小助理阿霞来找我说:"刚才那个沈阿姨,给你打好评了,她可是换了很多个咨询师,都没给人家好评的。"

"如果我把真相说出来,估计就不会给我好评了,她的问题可比她女儿严重得多。"我陷入了沉思。

沈阿姨的情况看似很常见,但如果上升到心理疾病的层面,那就是一种非常生僻的病——代理性吹牛大王综合征,是吹牛大王综合征的特殊种类。该病起源于德国著名童话故事集《吹牛大王奇遇记》。主角敏豪生确有其人,是18世纪的德国男爵,在俄国服兵役,去过土耳其打仗,足迹遍布欧亚非。回国后他给亲友们讲述了许多离奇的故事,比如抓住自己头发将自己连人带马从泥潭中拉起来、骑着炮弹飞行、到达月球等。有两位作家将他的故事整理起来,就成了《吹牛大王奇遇记》。1851年就有医生在《柳叶刀》杂志上提出"吹牛大王综合征",由于翻译问题,主角的名字也被翻译成孟乔森、闵希豪生、曼丘森、敏豪森、明肖森等。当看到这些名字后边加上"综合征"时，那指的都是同一种病：即夸大或伪造疾病，来取得他人的同情。一般性的吹牛大王综合征是夸大或伪造自己的疾病，而代理性的吹牛大王综合征则是夸大或伪造他人的病情。在后文中，我们统一称之为孟氏综合征。

代理性孟氏综合征的患者绝大多数都是女性。通常是母亲伪造子女的病情，包括但不限于认为子女的生理、心理、行为或精神问题，以取得各式各样的医疗检查、处置和照顾。虽然已经被提出170年，但是社会关注度极低。在近几年才时不时进入大众视野。美国连着三年上映了相关题材的影视：2018年的《利器》、2019年的《恶行》、2020年的《逃跑》，里面的母亲都在把女儿"打扮"成病人。《恶行》中的女儿是有现实原型的，这个女儿被母亲照顾了24年，每天喂各种药物，后来发现自己其实没病，最终和男网友合谋杀死了母亲。

孟氏综合征的病因也有可能是单纯的虐待倾向、对母性的迷恋等。由于至今美国精神医学学会发行的《精神疾病诊断与统计手册》都没有认可这种病（主要是防止虐童者称病减刑），关于它的研究并不多。一部分受虐子女也会为了获取更多关爱而扮演病人。这种病症不仅仅是对子女进行过度照顾和治疗。可怕的是，当这种病发展到最严重时，母亲或代理母亲会为了证明自己的推断是正确的，不惜杀死婴幼儿。日本的上田绫乃就曾经杀死过自己的4名幼儿，英国的一名护士也杀死过4名儿童。当然，这种病也和大多数精神类疾病一样有遗传倾向。

几天之后，沈阿姨又出现在我的咨询室，脸上似乎有掩饰不住的笑容。

"上周日我家女儿带那个老头子来家里，那个老头子一口一个阿姨地叫，弄得我都不好意思了。他嘴巴还挺甜，又夸我会做饭，会打扮，会收拾屋子。他人也蛮勤快的。"

从沈阿姨的描述中我看不到任何负面信息，于是我总结性地发问："那看来你对他还是很满意？"

"这怎么可能啊？我辛辛苦苦把女儿养到20多岁，是送给老头子做老婆的吗？那个老头子离过婚，虽然孩子跟着老婆住，但是我女儿进了他家肯定是搞不定的呀，她那个脑子本来就不清楚。你说说，脑子清楚了能找个跟她爸爸差不多的老头子吗？同龄人就该和同龄人在一起嘛！"沈阿姨又恢复了上次的状态。

"所以现在的问题是什么呢？"我接着问。

"那个老头子只比我小三岁，但是保养得还不错，看上去只有四十出头。我被他叫阿姨叫得有些烦，后来就告诉他，不当着女儿的面时，叫我姐姐就好。第二天我女儿去找工作，老头子和我都没事，就约我去爬山。爬到山顶之后，周围也没什么人，然后他就和我手牵手了……"沈阿姨的语调逐渐兴奋。

"等等，这事情好像有些突然，你俩突然就牵手了？"

"爬山这一路聊得很投缘，上了山顶就觉得很有感觉，于是就……"沈阿姨的口气丝毫不觉得有什么奇怪，"下山之后我们就决定以后再一起接触接触。"那眼神仿佛在说，最后他选母女中哪个作为女朋友，还不一定呢。

"你当时没想到，你俩才刚刚认识不久吗？"我继续问细节。

沈阿姨摆出一副想教育我的样子，说道："我单身了十几年，现在好容易等到女儿长大了，遇到和我年龄差不多的，嘴巴又甜，还会照顾人的人，我没理由拒绝吧？"

"可是你既然来找我了，肯定有问题想问吧？"我把谈话气氛调整得严肃一些，"现在你虽然很高兴，但是还是觉得这事情难以收手，是吗？"我尽量不让自己一针见血。

"是有些尴尬，不过我不觉得自己做错了，同龄人就该和同龄人在一起。"沈阿姨依旧理直气壮，"我不会和他结婚，但是我希望我女儿能够接受我俩的关系，不要从中捣乱。"

"嗯,现在又多了个问题,一是劝你女儿放弃老头子,二是劝你女儿接受你和老头子在一起。"我用了复述技术中的概述。准确地复述,能让来访者聚焦问题的重点,发现问题的"敏感点",而概述则是需要从来访者表述过的内容中拣出要点和普遍性的主题,概述内容不会超出来访者的叙述内容,也不会去探究来访者情感和行为的原因,只是强化来访者所说的话。

"是啊,我觉得这个事情不太好办。但是你肯定有办法。只要是对的事情,就算再难,也肯定有解决方案的。"

"如果她不答应,你会怎么办呢?"我没有直接给她提方案,先让她设想一个最坏的结果。

"她要是坚持不答应,我就坚持让她答应,她呀,耗不过我的!这么多年一直都是这样。"沈阿姨一副毅然决然的样子。

"如果真是这么简单,你就没必要来找我了。我直接说了吧,过去她是小孩子,你年富力强,她肯定耗不过你;可现在她长大了,你一天天变老,你反而担心在时间和精神层面上都耗不过她,是吧?"我说出了她的担忧。

沈阿姨愣了一下,但依旧没承认这事:"关键是夜长梦多,我觉得吧,这事情还是要快点搞定的好。"

"不知道你发现了没有,你在期待一种'彻底的胜利',

可遗憾的是,这种胜利从未到来。即便女儿暂时听了你的话,过一阵还会在别的问题上反对你。"

"哎哟,我就说她从小脑子就有毛病的,想问题和一般人都不一样。"沈阿姨的潜台词显然是,女儿的想法和自己不一样,所以有毛病,随即她又带着无怨无悔的表情说,"但是只要我活着一天,我就要照顾她一天,防止她走错路啊。"

"可是如果你想说服对方,一定要站在对方的利益角度。"我再次提醒了她。

沈阿姨的女儿显然此时是不愿意和她沟通的,于是我建议她用空椅子技术进行沟通演练。该技术是完形疗法中的常见手段,是使当事人的"内射外显"的方式之一,即表达出内心深处的情感。因为一个有心理障碍的人,往往不能敏锐察觉自己的躯体感觉、情绪和需要,会压抑它们并逐渐转化成抑郁、焦虑等神经症的表现。来访者可以对着一把空椅子说话,假定某人坐在这把空椅子上,从而完成深度对话。常见形式包括倾诉宣泄式、自我对话式、他人对话式。沈阿姨目前接受的是第三种。

沈阿姨开始苦口婆心地对着空椅子说:"囡囡啊,妈妈是说过好多让你不高兴的话,可是妈妈是你的亲妈妈,是不会害你的。男朋友可能会骗你,可是妈妈不会啊,妈妈做的一切都是为你好。"接下来沈阿姨叙说了各种痛苦的经历。比如年轻时远嫁到一个完全陌生的城市，周围没有任何亲友帮助，丈夫忙于工作顾不上照顾女儿，只有在女儿生病的时候才赶回家。很多次为了女儿半夜赶到医院去，所有的医生都说沈阿姨不容易。

沈阿姨说了近一个小时，终于讲完了，看来她把这次治疗当成了第一种空椅子。我提醒她说："现在你可以坐在另一把椅子上，试试你女儿会怎么说。"沈阿姨笃定地说："她是我女儿，她怎么说我当然晓得了。"

沈阿姨坐在新椅子上后，就开始"模仿"起自己的女儿："我知道你这么多年不容易，你也想给我好的，可是我不喜欢，也不能领情。"说到这里，沈阿姨突然站起来，换了一个口气说道，"啊？你这个孩子讲不讲良心啊！我辛辛苦苦把你养大。"那样子恨不得自己要抽自己一耳光。

"等一下，先听听女儿怎么说。我们在这里摆下空椅子，不就是想听听她平时说不出口的话吗？"我阻拦说。

"好，那你说，妈妈听着。"沈阿姨理直气壮地说完，又坐在椅子上，口气变得无力了很多，"我不领情，肯定是不满意，我想要别的东西，比如……含有恋父情结的恋爱？"

"继续说说，为什么想要这种爱呢？"我提示她接着讲。

"母亲和父亲比,好像太严厉了,所以我想要自由一点的爱。我想和浪漫的人在一起,到遥远的城市去,在爱琴海海边游泳,在北极圈看极光,在非洲草原喂大象,在亚洲的古庙里上香。我想去做很多很多事情,可是我的家庭把我拴得牢牢的,我就像是笼中的一只鸟,想要飞却怎么也飞不高……"沈阿姨又说了很多,她眼睛里满是憧憬,仿佛换了一个人,此时她不仅扮演了女儿,更是回溯到了年轻时候的自己。我没有打断她,默默和她分享着她向往的生活。

等她说完,我又问:"这样的生活很美好,对不对?"沈阿姨点点头。

"那你对女儿的想法怎么看?"我接着问。

"她的想法很美好,可是我不希望她这么做。"

"为什么呢?自己无法实现的东西,由女儿替自己实现,不是也挺好吗?"

沈阿姨有些痛苦地摇摇头:"不行,毕竟她是她,我是我,吃到她肚子里的东西,永远不能让我饱。"

"现在你明白了,你们俩是两个人,那之前为什么要把你认为好的东西给她呢?"我总结说。

沈阿姨陷入了沉思。

"现在想不清楚也没关系,我们谈点关于你的事情吧。"

看到沈阿姨点头，我接着说，"如果不出意外，你年轻的时候也没那么容易听父母的话。因为很少有父母愿意女儿远嫁。"沈阿姨有些不愿想起这段故事，勉强同意了我的说法。

现在我们知道了，当事人沈阿姨拥有不愿提起的父母、离婚多年的丈夫、不走寻常路的叛逆女儿，以及一个和母女二人都纠缠不清的情圣男子。于是我们现在就可以用零碎的线索，还原出这样一个故事：沈阿姨年轻的时候，也是个向往自由的女孩，但是父母对她非常严格。为了爱情，她远离自己的父母，嫁到一个完全陌生的城市。突然改变的生活环境给她带来了前所未有的压力。婚后她有了自己的孩子，由于是第一次当母亲，难免手忙脚乱，这又带来了第二重压力；身边没有亲友帮忙，又带来了第三重压力；再加上丈夫工作繁忙，就又有了第四重压力。最终，沈阿姨对自己的认知是：一个辛苦的可怜女人。既然如此，她对女儿过度干预，以及之后的奔放行为，就都可以解释了：如果女儿脑子没问题，她就没那么辛苦；而且既然她这么可怜，做些出格的事情，也是合理的。

从表面上看，沈阿姨的心理冲突是：一方面女儿不听话，一方面自己希望女儿听话，所以这种对抗感让她痛苦。而沈阿姨自己的理由是，"我要做个负责的母亲，包办女儿的很多事情,否则我就不能对自己满意"。即外因是过多关注女儿。但就像所有的心理问题那样,内因通常都比较原始。沈阿姨内心深处对女儿的态度充斥着两个字:嫉妒。在女儿小的时候,她受到的外界关注比母亲多,让母亲觉得自己有被忽视感。于是她营造了一个"温暖母亲照顾低能女儿"的故事,让大家更多关注母亲。可现在,一个20多岁年轻的女儿,不仅会夺走年轻男性的目光,甚至连"本该"属于母亲的同龄人的目光也夺走了,于是嫉妒之火烧得更旺了。因此在和老头子擦出火花后,沈阿姨想到的问题不是女儿是否会有不好的感觉,或者是否受过老头子侵犯,而是想知道,自己和女儿谁在男性眼中评价更高。

听我讲述了与嫉妒相关的心理知识,沈阿姨似乎明白了一些。在她以前的意识当中,她从未想到自己会嫉妒自己的女儿,今天则是头一次从这个角度思考。

我安慰她说:"嫉妒也有积极的一面。人类社会的进步,从奴隶社会晋级到民主社会,也是不断追求公平感的结果。但是,公平永远是相对的,而很难是绝对的,所以嫉妒心理很难消除。另外,在感情生活中,男女之间对于其他'第三者'的嫉妒也是不言而喻的。嫉妒是由比较产生的,如果你不把自己放到和女儿同一个层级比较,或许就会减少很多不快的感觉。就像你说的,同龄人最好和同龄人在一起。"

沈阿姨叹了口气说："很多朋友都说我自尊心非常强，如同狮子一般争强好胜，不允许别人比自己强、比自己受欢迎，看到比自己强的人，就如同周瑜见了诸葛亮，心里总不是滋味。那么，我要怎样摆脱这种不健康的心理呢？"

我顺着沈阿姨的逻辑推演："既然你对自己要求高，那么首先，要培养自己的气量，不做心胸狭窄的人，这样才能符合你对自己的要求。即使不从道德角度，从健康角度也应该减少嫉妒的存在。比如林黛玉和周瑜，两个人都是因为过于强烈的嫉妒心，最后反倒误了年纪轻轻的性命。心理要强是好事，但是要通过合理的手段竞争，坚持友谊第一、比赛第二，从对方那里吸取积极的经验教训，才能真正地得到进步。"

"所以，女儿其实也有可以让我学习的地方？"沈阿姨犹豫着说。

"是啊，但你始终是她的母亲，不管她是不是比你强，你的位置不会改变。你的担忧源于自卑情结，所以你也要树立自己的自信心。在现实中，很难有人各个方面都比你强，你却没有任何一个方面都比他强。所以要树立自信心，发现自己的优点，不要过于在意外界的评价，这样才更有利于自己获得真正的强大。"

"那我现在要怎么办?"沈阿姨迫不及待地问。

我笑了笑说:"你不一定非要做什么,你可以转移自己的注意力——嫉妒是比较的结果,没有比较就没有嫉妒。除了比较,我们还有很多事情可以做,比如辛勤工作、努力学习、处理与家人的关系等,这些都比单纯的比较更能让人提高自己。只有多注意自己脚下的路,才能走得更好,防止错过了身边的幸福,更让嫉妒这个恶魔无处躲藏。"

沈阿姨还是有些不快:"那我接下来要怎么和我女儿还有老头子相处呢?"

"你当时和他爬山的时候,如果提前想到了后果,或许会好很多,但既然已经发生了,我们就为自己的行为负责吧。不过任何事情都有好处,这件事也不例外。"我接着帮她分析。

"啊?这还有好处?"沈阿姨不解。

"那个老头子很容易就和你们两人发生亲密关系,说明他对此的态度非常随意,所以你们二人也不用对他太认真,还是先想想你们母女的关系为好。"我给出建议。

我顿了顿,告诉她一件事:"我曾经收到过一封邮件,是一个二十多岁的女儿写的,内容是:我的妈妈是个心理畸形的人,她控制欲非常强,干涉我的所有行为。为了让她的控制显得合理,她将我塑造成一个病人,我每天过着坐牢一样的生活。我想离开她，可她是我唯一的亲人，除了逃离，我还能怎么办？"

沈阿姨足足半分钟没说话，喝了大半杯水，才开口："这好像是我女儿的口气。"

"如果你们的关系再继续下去，或许发件人真会变成你的女儿。你坚持认为她脑子有毛病，她也会坚持认为你脑子有毛病。"

"所以，她在……模仿我？"沈阿姨试探着问。

"在不知道做什么时，模仿对方的动作，这是一条近乎本能的出路。"我平静地说。

"所以，病人竟是我自己？"沈阿姨满脸难以置信又不得不接受的表情。

"如果你能意识到这些，那么你已经走上了痊愈的路。再说，叛逆是成长的必经之路，如果你可以平等地认可她，那么你们的关系会向更和谐的方向发展。"

"好，今晚我就和她聊聊。我得回去了，做她最爱吃的红烧肉……不，红烧肉其实是我爱吃的，我要先问问她，最爱吃的到底是什么。"

"恭喜你能够这么想。对了，这次连着咨询了两小时，请把费用补交一下。"看来今天不只她家里可以吃顿好的，我家里也可以了。

很多研究者都认为代理性孟氏综合征的心理成因非常令人费解,因为它的症状似乎无法带来收益。在沈阿姨的案例中,我们可以发现,此症状根源可能出自于嫉妒。嫉妒是人类与生俱来的一种情绪,是人在与他人比较后,基于不公平感产生的一种怨恨情绪。嫉妒者希望占有他人已经享有的利益,甚至有可能不择手段地表达自己内心的怨恨。这种情绪非常古老,古老到很多动物都有。

嫉妒和羡慕虽然相似,但是也有明显的不同。羡慕者虽然期望自己能达到别人的状态,但是心里由衷地祝福对方。可是嫉妒者却希望剥夺对方的幸福状态归为己有,甚至盼着别人不要再得到这种状态。因此,嫉妒包含了无奈的自卑感,也隐藏了深深的破坏欲。自卑的忧虑可能会引起焦虑症或者抑郁症,长期如此,会引发很多躯体上的疾病,而破坏欲如果没有及时疏导,久而久之便容易使人攻击性变强,甚至走上犯罪的道路。

莎士比亚说嫉妒是一个恶魔,大侦探波罗也说过嫉妒会让人做任何不理智的事情。一旦被嫉妒缠身,你和被嫉妒者的人际关系也会大打折扣,或许会暗中调查对方寻找破绽,甚至养成爱算计人的扭曲性格,如果大家还不理解,具体内容请看某宫斗电视剧。宫斗的原因,归根到底就是一个"妒"字,为了防止今天再出现这种情况,现在世界上大部分国家都从法律角度明文规定一夫一妻制。现在，沈阿姨和她的女儿两人在一个男人身上产生了竞争，从事实上破坏了一夫一妻的稳定性。

　　既然嫉妒让自己和他人都这么不舒服，那为什么会有这种功能存在呢？这就又要推到我们的老祖先身上了。美国埃默里大学的研究人员曾经做过一个实验，他们训练一群卷尾猴，用代币来换取食物。这些猴子后来被分为两个一组，在两个相邻的且互相可以看到的笼子里，关着甲和乙两只猴子，当工作人员用一片黄瓜换取甲手里的代币时，甲很顺利地用代币和他换了。可是当甲看到工作人员拿着葡萄和乙换代币后，甲表现出明显的负面情绪，它会暴跳如雷，甚至会摔了手里的黄瓜。很多甲猴会表示人和猴之间的信任不能再继续了，拒绝再和工作人员继续交换。只有六成甲猴会继续和工作人员交换。由此可见，追求公平感，是一种本能的驱使，是人和动物的共同天性。

　　"老师，我看网上很多人都说孟乔森是个爱装病的人，所以才被命名这种病。"我的助理阿霞疑惑地说。

　　"这么写的人肯定没看过原著的童话故事，以讹传讹很可怕。我们研究一门学问也不能只看学科内的书。"既然有了这么好的案例，看来是时候写点东西让大家了解这种病了。

嫉妒、控制欲都是大部分人难以彻底摆脱的东西，我们也无时无刻不生活在其中。有时候我们会遇到自己实在比不过的对手，比如案例中的沈阿姨，她比自己的女儿老，女儿的吸引力更强，这是无论如何都无法改变的。此时她选择的方法是诋毁自己的对手，而这并不能改善二者的关系，也不能改变女儿更有吸引力的事实，只能让她自己陷入思维的泥潭中难以自拔——因为她并没有从老人的优势入手来欣赏自己，让自己的内心更富足，而是希望自己能抢夺女儿的追求者。

归根到底，心理疗愈，是一种对自我的接纳，而不是强迫别人屈服于自己。

Case 6：

心理测试——面容相同的来访者

Case 6：心理测试——面容相同的来访者

小助理阿霞满脸为难的神情："老师，这个来访者或许比较难，不知道您能不能接。"

"我很少拒接吧？有什么不能接的。"我不解。

"您接的时候最好戴上口罩。这个人的脸和您几乎一模一样……"

"难道我有失散多年的双胞胎兄弟？"我觉得这事很有意思。

"不会的，他的体形比您大得多。"

"不论如何，先定下来，约好时间。"

这位来访者代号叫"老徐"，五官和我非常相似，但身形却硕大如半面墙。见了我，他也一愣，随即笑了起来："看来我们是一路人。我们的五官非常像，所以都是那种思维严谨，喜欢研究，同时又比较开朗的人。"看来他非常相信面相决定性格。我没有正面回答，只是笑着点点头。

老徐的问题是，如何通过心理学找到一个合适的对象，或者交一个好朋友。

"我对心理学还是有些研究的,尤其是各种心理测试。但是我最近发现了一些问题,我虽然每次测试都很准,可是我好像越来越不了解被我测试的人,当然也包括我自己。"老徐沉思着说,"比如之前我遇到一个比较有好感的姑娘,给她做了人格测试,发现她是赤色性格的人,这种人很自信,敢于表达,有领导力,这次的测试还是挺准的,她也认可。可是当我多给她表达机会,也多听她的话,她却不高兴了。"

我点点头鼓励他说下去。

"后来我又遇到一个金色性格的女性,她比较冷静,爱分析,思想也很坚定。我和她保持有效的距离,有重要事情时才让她出场,可是后来她竟然也不高兴了。"

"那你觉得这是为什么呢?"我尝试探索他的想法。

"我觉得,女人是水做的,没那么稳定,所以这些测试就出现了偏差,所以这次我想向您了解一些不那么理性化的测试,比如那些看图猜性格的。"

这类测试倒是不少,罗夏墨迹测试图就是很典型的一种。罗夏墨迹测试图是由瑞士精神科医生、精神病学家罗夏(1884—1922)于1921年正式提出的。他把一组对称的墨迹图案展示给自己的研究对象,引导他们联想出具体的物体,从而达到心理诊断的效果。

Case 6：心理测试——面容相同的来访者

我给他看了一张墨迹图，问他："在这张对称图中，你看到了什么？"

老徐仔细思考了几秒钟，说："我第一眼觉得像是鸟类，但是也挺像甲虫的。"

"根据罗夏的解释，不同的选项预示着不同的性格。如果你感觉这像是鸟类，意味着你感受到奢华生活的魅力，虽然有时第二天一觉醒来，并不喜欢这种感觉；你摇摆于两种极端情绪之间：一种是目空一切，太把自己当回事儿，另一种则是妄自菲薄，毫无根据地看轻自己。"

老徐一个劲点头："对对对，这个符合我。那甲虫意味着什么呢？"

"甲虫或者螃蟹，意味着你工作非常勤奋，自然而然会获得成功。你详细制订了计划，并付诸实施。"

"这个也和我挺像的。那还有什么解释呢？比如，像是有胡子的面具、眼镜之类的器物？"

"如果你觉得，图片像是眼镜、胸罩或胡须，那说明你喜欢打扮，对别人对自己的看法过于敏感，总是希望通过购买新车、新衣来化解内心的空虚与无助。"

"这个说得也有一定道理，不过我不是想用其他物件来化解空虚，我是觉得，通过物件，可以看出主人的性格。"

"你好像特别希望自己拥有读心术。"我尝试着概述了一下他的想法。

"对啊,我要是有读心术,那就能一眼看出那人跟我合不合拍,内心是不是想和我好,这多好啊。你们心理师是不是就在人际交往中特别如鱼得水。我们普通人和你说几句话,就被你看透了。"老徐谈起这个话题就兴奋了起来。

"可是,医生不可能一看就知道你有什么病,也需要通过很多科学的检查,比如CT、核磁、彩超之类的。即便是传统医学,也要望闻问切。我们心理咨询也是一样的。"我停顿了一下,接着说,"而且我也真的没那么热爱工作,在下班后,我对生活中的人是不会动用脑细胞分析的。"

"可是如果你的朋友想向你求助怎么办?"老徐的眼神充满了期待。

"如果一个人既是我的好朋友,又是我的来访者,那么这就叫作'双重关系',是一种需要避免的情况,朋友和来访者只能选一种。面对有情绪问题的朋友,我和你们的方式其实差不多,无非就是带着他们去做些开心的事情,吃吃喝喝唱唱歌之类的。"

"嗐,我还以为你会给出什么很有效的建议呢!"老徐很失望。

"下班的时候,我希望摘掉心理师的标签,做个快乐的普通人。我相信我的快乐也能感染我的朋友们。当然我也不可能任何时候都快乐,我也有失落的时候,这时候我的朋友也会来宽慰我。"

"你作为一个这么有经验的咨询师,还会低落?我看你可是收过很多锦旗的。"老徐看着我周围的墙面说。

"再优秀的运动员,也不可能每场比赛都赢。即便我短时间内不败,那我也会衰老,将来也一定会有人超过我。这些奖状只是告诉你我的成绩,不是败绩。但是我现在能依旧干着这一行,那说明我还有一些能力来帮助来访者。"我很平静地说。

老徐有些着急地说:"我相信您的水平,不过咱们言归正传,你能不能把全套测试题都教给我?"

"这倒是没问题,只是我并不能保证你的下一个目标对象能够喜欢这种测试,也不能保证这套测试切实有效。"

"这怎么讲?"老徐一脸懵。

"我们做心理测试之前,都会和来访者商议,选择其最能接受的测试方式……"我还没说完,老徐便迫不及待地抢过话茬:"那你多教我几种不就得了嘛,到时候我让对方选,总有一种适合她。完美!"

看到老徐得意的样子,我不得不继续打消他的积极性:"可是,所有的测试都是建立在诚实的基础上的。如果对方为了迎合你,故意说不属于她自身情况的选项,你也无法判断。"

老徐有些失望地一拍大腿:"这也不行那也不行,你说我该怎么办啊?唉,憋死俺老徐了!"

"你愿意用心理测试增进你和对方的了解,从而更好地处理感情,这是一个好事。但是你可能忘了,我这里是咨询室,来找我的人都是有问题求助的,他们必须告诉我真实的情况,才更有利于我帮助他们。而现实中则不一样,当两个人相处时,难免要进行一些心理博弈,也就是说,对方有可能配合度不高。"我耐心解释。

"那你再教我一些微表情之类的,即便不说实话,我也能猜到。"老徐再次心生一计。

"你能保证在观察对方的同时,对方没发现你在观察她吗?如果发现自己被观测,有可能表现就不一样了……"我适当沉默了一下。

"难道心理学真的不能用在生活中啊……"

"倒不是不能用,只不过很多测试都是针对大数据的测试,用到个人身上就有偏差了:就好像1到100,一共有100个数字,平均数是50.5,但如果你用50.5来作为推测值预估这100个数字,你会发现没有一个数字是符合的。"

"那我就需要更多的测量工具来加强自己推断的准确度,我听说生辰八字、星座、血型、面相、手相、骨相等都能对应一些性格。"老徐还是不死心,"看手相之类的,女孩子应该都会喜欢吧?"

"就算这些东西都有道理,可是这么多指标加在一起,每个指标所象征的东西,就被稀释了。就好像你把油盐酱醋、味精料酒都掺在一起,肯定尝不出每种调料原来的味道。这种测试漏洞,我称之为,多变量稀释效应。"我指出老徐的逻辑漏洞。

"所以,你给我的建议是,不要迷信心理学?"老徐瘫坐在椅子上,"那我咨询了这么久,啥问题都没解决啊……我一直觉得心理学是有科学性的,到头来竟然用不上。那我还能信什么呢?"

"相信你自己。"我开始对他揭露真相,"你之所以这么想知道对方的想法,是你觉得这样对你来说更能把控全局是吧?"

"这样的想法难道有错吗?"老徐很惊讶。

"倒是没错,只不过,你希望你身边有这样一个读心者吗?"我做出假设。

"当然不希望!我明白了,如果我去读心,对方应该会讨厌我吧。可是我不让她发现不就好了。"

"这样当然好,可是能在对方没察觉的情况下使用读心技能,还能保证非常准确,这是超级高手吧?"我对老徐解释，"反正现在的我没有这个把握，十年后的我或许可以做到。"

我接着对老徐解释，读心术和练功夫一样，最开始都是按照固定的套路练习，可慢慢到了能实战的程度，就需要更快、更强、更有准确性了。

"你让我觉得，读心术就是一条不归路，我的目标越来越难了。行吧，我走。"老徐起身要走的样子，但是我看到他的脚尖还是冲着我的，说明他潜意识里可能并不太想走。毕竟这么久还没听到想听的内容，他会不甘心。

"等等，有个笨办法，但是确实管用，你想听吗？"我突然问他。

老徐当然想听。

"在你还没有熟练掌握读心术这类高级技巧的时候，我建议你出招朴素一点，先用真诚取得对方的好感。"

"我之前是很真诚的，可是她们都不喜欢……"老徐很无奈，"我以前和新认识的相亲对象说话特别掏心窝子，可是人家反而来伤害我。"

"所以你觉得，真诚的自己，不是受欢迎的类型，必须要会读心术才能够和对方建立良好的关系，是吗？"我大胆推测了一下他的想法。

"不是我自己觉得，是真诚的我确实不受欢迎。"老徐顿了顿,又说,"我知道你要说我不自信了,可是我自信也没用啊,她们不喜欢我,这是事实。"

接下来老徐又用自嘲的口吻来给我讲述了几段和有好感的女性交往的经历,结尾都是女孩子愤怒地对他说:"你去好好学点心理学吧!"

"你看,你说的方法我都试过了,能坦诚的话,谁愿意费这么多脑子去学读心术啊。"老徐摊摊手。

"真诚是好东西,但是我们也要注意剂量和时机。"我给他举了个例子,"就好像我饭量比较大,但是你一顿饭给我整五十斤面粉,我也受不了。"

"那我还有救吗?听你说的,我的问题好像依旧无解。"老徐有些丧气。

问题当然不可能无解。我建议老徐先还原一下他的人生轨迹。

"我发现你非常追求准确性,这是一个很高的目标,你是从什么时候开始重视这类问题的呢?"我用了内容反应技术,也称为释义技术或说明,是指咨询师把来访者陈述的主要内容经过概括、综合与整理,用自己的话反馈给求助者,以达到加强理解、促进沟通的目的。最好是引用来访者最有代表性、最敏感、最重要的词语。

"好像是我小学的时候,如果我解题时,遇到不会的题目，我就会熬夜把它解开。"老徐回忆着说。

"有没有实在解不开的问题呢？"我问。

"课本上的问题倒是没有，不过我在生活中遇到过一些问题，比如看了一个电视节目的片段，特别想知道这是什么节目，我就会想方设法查到出处，当然很多问题现在依旧没有查到，我都留在笔记本里，希望将来有一天可以查到。"老徐的样子似乎在思考一件难解的数学题，手指并拢像一排牙齿一样慢慢啃着自己的头发。

"为什么一定要查到呢？"

"我觉得自己是个聪明人，大家也都这么说。作为一个聪明人，竟然有些问题不知道，这对我来说有些难受。"这是老徐第一次暴露自己的弱点。

"因此，如果在交往中，你没能预知对方的心思，你也会觉得有些难受，是吗？"为了聚焦这个问题，我这次用了封闭式提问，也就是只能用"是""否"或规定选项来回答的提问。

"当然会难受啊，你想想，如果你有一个问题解决不了，你不会觉得心里痒痒吗？"老徐又瞪大了双眼。

"你这种想法很正常，大部分人，包括我在内，都会觉得心痒痒。"看到老徐期盼的眼神，我接着说，"只是我的处理方式是：人比问题重要。问题只是人生的一小部分，如果这个问题让我这个人感觉到不好了,那么我要先照顾一下人的状态。"

"所以,我一直在忽视真正的我?"老徐惊讶的表情定格在了脸上。

或许,现在是时候还原真相了。

我们现在掌握的线索是:老徐是个非常追求准确性的人,也希望自己的人际交往不要出现偏差,所以开始迷信各种科学或非科学的心理测试。因为他的个人经验告诉他,他的惯常表现并不受欢迎,多次的失败经历导致了他"习得性无助",对自己产生不自信的判定,而归因则是"不懂心理学",本着"知识就是力量"的想法,他开始自学心理学,但是并不能灵活运用,反而让他变得更不受欢迎。

所以,真相此时就变得很容易推理了:这一切的背后,至少存在一个主使者。在老徐的人生早期,这个主使者以"准确或认真"为指标予以奖惩,于是他就习得了这种模式——只要够精确,就能成功。这个人大概率是老徐的母亲,因为女性更在意生活的细节。同时,母亲也是男孩最早的异性参照,老徐由此在潜意识中形成了一个印象:只要够准确,女人就会喜欢。而那些不准确的东西,则是不好的,不确定的东西,无疑给老徐带来了很大的不安全感,或者叫恐惧感。当恐惧程度不高时,情绪上的感受就是焦虑。焦虑到一定程度，对外表现就是追求"一蹴而就"的完美主义。

我一口气说完了自己的判断，老徐僵直了几秒钟，立刻站了起来，跺着脚说了几句脏话。

接着老徐有点激动地说："我跟你分享一件事情，小学时有一天我突然特别累，就在教室多休息了一阵，回家很晚，回家之后我妈问我为什么晚回家。我说我好像生了点病。我妈就说：什么叫好像生了点病？有病就是有病，没病就是没病，你说你到底是什么病？从此以后我再也不敢在我妈面前提'好像''似乎''有点'之类的词了。"

"恭喜你找到了真相。"我看着这张好像在照镜子一样的脸，心里很难不欣慰。

老徐继续给我分享了一个新故事："我也知道，现在我已经长大了，不该再活在之前我妈的阴影中。我从大学开始就逐渐远离了我的原生家庭。可是造化弄人，我在刚刚进入大学的时候就很崇拜我们学生会会长，渐渐到了依赖甚至依恋的程度。有一次我鼓起勇气，约她一起散步，想向她表白，当时我的词儿是'学姐，我好像有点……'，可她说'喜欢就是喜欢，不喜欢就是不喜欢，能不能给个准确的答复？'我当时就泄气了，表白也没成功。一直到现在，我都没在感情上成功过。"

"你觉得你不成功的原因是……在心理学研究上不够优秀?"我继续帮他探索。

"对,如果我研究得够多,我就能了解对方,然后就能找出更有效的方法。"老徐十分笃定,"我也不至于说那些不干脆的话,让对方讨厌。"

"你希望自己能够更加有准确性,这样很好。"我先鼓励他一下,然后话锋一转,"可是干脆之后有三个情感支撑:真诚、热情、信任感。当然,这三者都是需要适度的。"

"你今天说了好几次适度,可是适度意味着不全力付出,这和我之前的经验又产生矛盾了。"老徐继续疑惑。

"当经验和现实产生矛盾时,人就容易出现心理上的不确定,这也是很正常的。你可能想寻找一个放之四海而皆准的标尺,但可惜这种标尺很难出现。你的母亲和学姐都对你有一定了解,所以她们不希望你吞吞吐吐地不确定,她们也敢对你直接表达想法。而新认识的人则需要一个试探阶段,信任感是不可能一上来就建立的。"我给他举了个例子,如果一个陌生人走在路上,直接说你的内衣穿戴有问题,把手伸进你的衣服给你整理内衣,你的第一反应绝对不是思考自己的内衣是不是真的有问题,而是觉得自己的隐私被侵犯。

"确实,我很多时候,太不把自己当外人了,因为我内心想做个敞亮人……"老徐有点不好意思地挠挠头。

"这又是你给自己加的标签——和那些心理测试一样,这很容易让你陷入一种僵化状态。"我用我总结出的"心理流动论(mind motivation)"来向他解释:多数人的心理状态,尤其是情绪状态处于像股市一样的起伏状态,当一个人选择一个不变的僵化位置来定义自己时,面对其他处于活动状态的人,自己就会出现很多不适应。

"那你是让我随波逐流?那可不行啊!"老徐马上反对。

"不是随波逐流,而是让自己更加有血有肉。如果情绪或行为模式在短时间内快速变化,就有可能出现各种应激性的不适。我们大部分时间的状态是在一定范围内波动的,也就是说,我们在面临很多决策时,不必那么机械,而是像大部分人那样,将问题拆分,逐级解决。你上学的时候也是一级一级学下来的是不是?"

老徐没说话,只是点了点头。大概沉默了半分钟后,老徐接着问:"那我接下来该怎么办呢?"

"现在你有两个冲突,过于追求精确性,这时候会失去灵活性,在人际交往中出现不想出现的结果。而放弃了精确性,你又会谴责自己。其实不论你选择哪条道路,都没错,只要你能够坚持下来就好。总之,人生总是会面临各种选择，每种选择也肯定都有需要承担的代价，因此最关键的是说服自己。"

每个人都必须为自己的选择负责，这是存在主义心理学的重要观点。因此我推荐老徐先不要着急解决自己相亲的问题，而是可以看看相关的心理书籍。存在主义作为人本主义心理学的重要分支，特别强调"真诚的状态"，这对老徐显然是有用的。存在主义心理学的代表人物布根塔尔认为，个人理想的存在方式便是真诚，这和罗杰斯的咨询理念明显一致，只不过他又深挖了一步：真诚是人类存在的一种存在状态，如果一个人的存在和他生活的世界是协调的、一致的，那么他的存在就是真诚的，否则便是非真诚的。人一旦陷入非真诚状态，也就是"寻找一种虚假的安全感"，就会出现神经症，因为虚假安全感就是"放弃了自己的存在"，因此布根塔尔又将神经症称为存在神经症，通俗点说，故意要演出不符合自己内心的人，也就是拧巴的人，这种人最容易得心理问题。

真诚不同于单纯的适应，两者的区别在于，真诚是意识层面的概念，是主动的；适应是病理性概念，是被迫的。真诚具有四个特征：信念、献身、创造性与爱，而抵抗心理治疗的时候则会产生卑微感、责备感、荒谬感和疏远感。比起精神分析和行为疗法，包括存在主义在内的人本主义咨询师，都更关注来访者的主观感受，也相信他们能努力承担自己的问题，最终找到最适宜的"存在方式"，而不必"治愈症状"。

听了我的解释，老徐突然明白了："我现在最需要的，不是研究技术层面要怎么办，而是找到个人最适宜的状态。"

"对啊，你想想看，你在对一个女性有好感的时候，那种感觉，其实也不是可以用数字描述的，对吧？人是一种活物，不论再怎么理性，也不可能变成计算机。"

"我知道，我对她们的好感，来自荷尔蒙，但是要是这么解释的话，好像又差点意思……"老徐思忖着。

"你是不是想说，这样就不美了？"老徐听了我的话，马上点点头，"人类需要艺术感，这就是我们区别于大多数动物的关键因素之一。"

"以前我总觉得，艺术就是装模作样，我还挺鄙视这些的……"老徐回忆着说。

"很可惜，人类就是爱装蒜的动物。我们不满足于穿兽皮、吃生肉、住山洞、喝脏水，所以我们一步步走到今天。"

"所以，装蒜是……人类进步的动力？"老徐犹豫着说。

"为了追求更多的美感，我们不断制造出各种新的衣服、菜肴、房屋、交通工具，而不仅仅止步于有用。一切都源于人类的思想太复杂，满足了底层需求，就会想要更高的。当然，这些问题说多了就涉及哲学了，现在还不是讨论这些的时候。"

"嗯嗯，我知道，一级一级往上学嘛。"老徐点着头，看到时间快到了，我们也准备结束这次咨询了。

"不过我还有一个问题：能不能给我一些人际方面的可操作性建议。"老徐又问。

"人际交往也是有层次的，最底层的交往建立在爱好之上，共同的爱好能够很快拉近人的关系。所以我建议你也可以从一开始先寻找双方的共同爱好，互相做玩伴，而不要想其他的。如果经常可以一起享受相同的爱好，到了一定程度，两人自然会更交心。"

老徐听了之后，拿出小本子记下来这些话，马上又想知道接下来的几个阶段是什么。

"人与人的友情建立在分享之上，一共有四个阶段，接下来会依次分享情绪、三观和秘密。到了第四个阶段，两人就可以算是密友了。那时候，你们的好感度会更高，你提出的要求或许会更容易被对方接受。"

"没想到这么麻烦啊……"老徐又有点失望。

"享受其中的过程就好，毕竟能有人陪你经历很多事情,也是件好事呀,只要能发现每件事中的好事,你的人生就会更美好。"

"看来我想有进步,还要大修大改。可是我就怕,费这么大劲,最后还是一场空,白浪费时间。"老徐的逻辑依旧在线。

我向他解释说,和人交往其实也是探索自己的过程。如果你和很多人接触过后依然无法找到那个契合的人,或许你是人群当中所谓的"少数派",此时你的做法如果是继续寻找契合自己的少数派,那就要承担找不到的概率。但其实还有另一种方法,就是提高自己在大众中的适应性,也就是拓宽自己的包容尺度,这样能够遇到包容自己的人的概率也会大很多。

"可惜我不是天才,没能力让大家都来包容我。"老徐告诉我,他挺羡慕像罗夏这样的心理大师。因为罗夏的墨迹测验至今影响着流行文化,电影《守望者》中的男主角罗夏的名字和脸上的墨迹就由此而来。

老徐又开始关注他人,随之而来的当然会是不受个人控制的情绪。

"罗夏的成功也是天时地利人和的综合成果:他父亲是一个美术教师,在高中时就酷爱墨迹图形。1919年起罗夏开始尝试用墨迹图案检测病人,最终选出了10张图片。1921

年正式将这一测试公布于众,这时他才 36 岁。我们大部分人到这个年龄并不敢说自己已经达到了人生的顶点。"我看到老徐期待的眼神,又继续说,"很可惜,1922 年的愚人节,罗夏因阑尾炎所引发的腹膜炎病逝,年仅 37 岁。关于墨迹测试,他也没能告诉我们更多,很多观点是后人补充的。"

"所以,和他相比,我也有幸运的一面。"

"对,好好关注自己,先把自己手头的工作做完,单纯类比只会干扰你。"

"也是,我本来还想搞清楚,为什么明明长得一样,你却能想得这么明白透彻,我却总是进入死胡同,现在看来,这个问题也没必要问了。"老徐站起来和我握手。

"我还羡慕你为什么能长得这么高大呢。"我顺着老徐硕大的手臂,抬头看着他说。

几天之后,老徐给我寄来了一张明信片,上面写着:理论上一切东西都是可以用科学解释的,科学的基础是数学,所以万物可以拆分成数字。过去当我吃一块肉的时候,我会考虑它是 100 克蛋白质、50 克脂肪,而忽视了我可以用感官来接触它,也无法享受它的香气、味道和口感。现在我时不时让"科学精神"休息一下,我才体会到生活的美好。

没错，这个世界需要科学，也需要艺术。人的心理需要精确，也需要无法明言的感受，就像树根和花朵，互为表里，共同撑起美丽的景色。

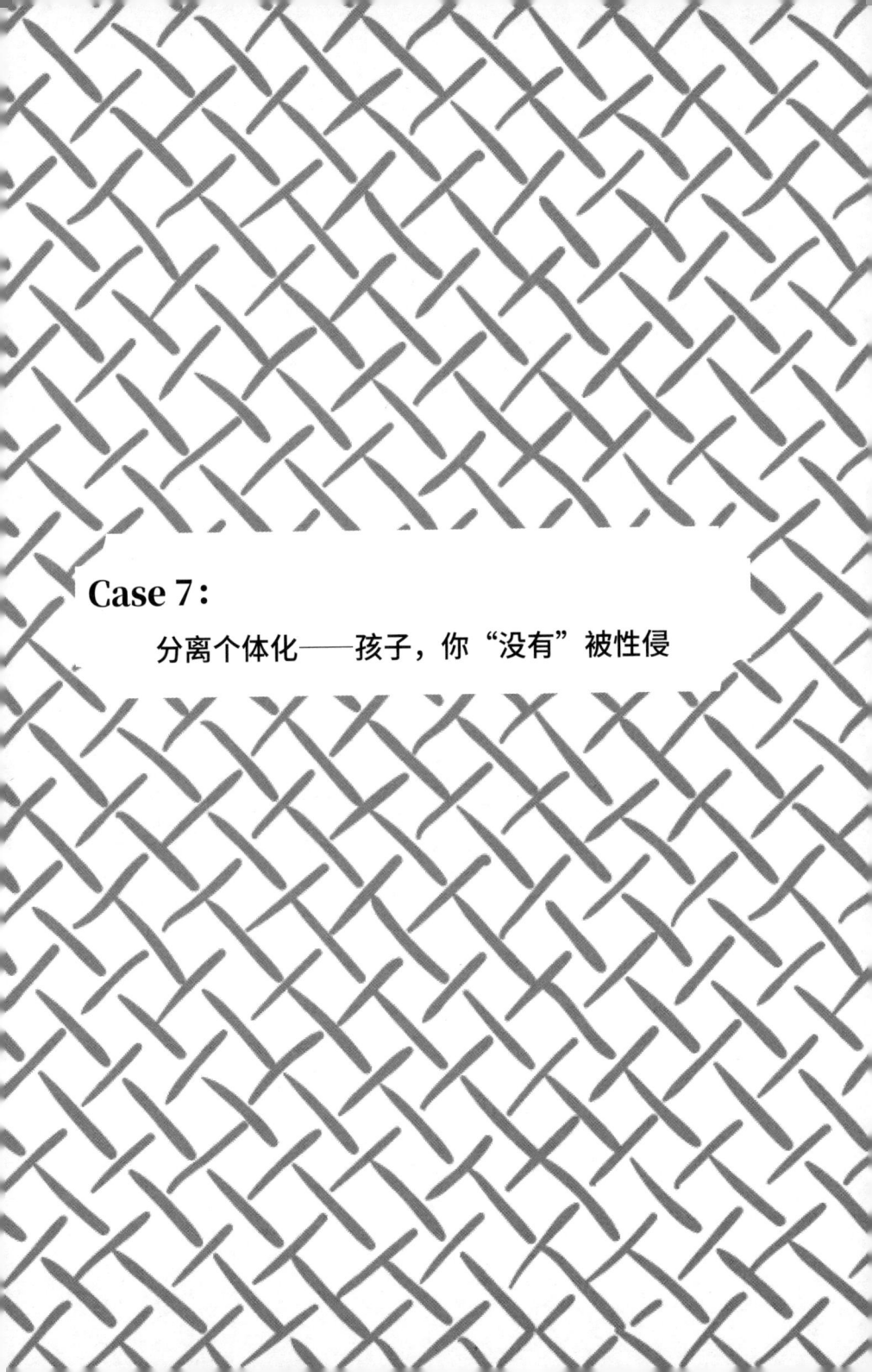

Case 7：
分离个体化——孩子，你"没有"被性侵

Case 7：分离个体化——孩子，你"没有"被性侵

这是我职业生涯中第一个看了预约信息就想报警的案例。

前来咨询的是一个上中专的女生，代号"小菠萝"，来自某个相对偏远的小县城，父亲早亡，母亲改嫁，她从小和外祖父母一起生活。她全身包裹得非常严实，用头巾包着头顶和口鼻，还戴着墨镜。

一开始咨询，她就止不住哭了出来："我这些年，长期遭受……性侵！"最后两个字她咬得格外重。

"你大致说说什么情况，整理好信息之后，我们去报警。"我拿起纸笔。

"不是发生在这里的事情，是发生在我家的，犯人是我姥爷！"小菠萝边哭边咬着牙。熟人性侵确实是性犯罪中的常见情况，有报告显示，2021年国内曝光的性侵儿童（18岁以下）案例223起，受害儿童逾569人。其中，熟人作案占比高达80.80%，而那些没有报警的有多少呢？我们不得而知。今天我遇到了此类事情，就可以减少一件隐秘的

悲剧。

小菠萝继续说:"我也尝试过报警,但是他们不帮助我。没人相信我。"

"我相信你,你在我这里可以尽管说。"在我的鼓励之下,她继续描述了一些细节。原来,她有时在家洗澡,会遇到自己姥爷直接进入卫生间洗手或者拿东西。

"他除了洗手或者拿东西,还有其他行为吗?比如说盯着你看,或者说一些不健康的话,甚至动手动脚?"

"这些倒是没有,就是碰到我在洗澡了,有时候会随便打个招呼,一边洗手一边让我快点洗,早点休息之类的。"

"也就是说,他看上去还挺自然的是吧?"

小菠萝点了点头。怪不得她的报案没有被受理。根据相关法律,性侵涉及各种非意愿的性接触和被强迫的性行为,包括强制性交、强迫亲吻、性骚扰、性虐待、露阴、窥阴等,总结起来主要包括强奸和猥亵两大类,小菠萝的姥爷显然还没到达违法程度,但说是擦边球,那也是有可能的。在许多地区,这显然属于"家事"的范围,警察最多劝说几句。

我推测小菠萝家的卫生间没有办法锁门,小菠萝点头同意。于是我继续问:"那么,你的卧室是否可以锁门呢?"

小菠萝摇头否定:"我们家除了大门之外,没有可以锁上的门。姥爷一贯是推门就进。"

孩子的卧室可以锁门，表示家人允许孩子拥有自己的私人空间，这是实现心理分化的重要因素。于是我顺着她的意思推理："你现在应该不太喜欢回家，是吧？"

她点了点头表示，她是唯一一个暑假期间留在学校的人。

"在学校里能让你感觉好些吗？"我试图把她的关注点聚焦于当下。

"并不能，我每天依旧睡不好，而且我有很严重的躺尿症。"小菠萝一脸认真。

"你说的是糖尿病吗？"我第一次听说这个词，于是又确认了一下。

"不，是躺尿症。每当我躺下的时候，就会想上厕所。好几次之后才能真正睡着。最严重的一次，我一夜上了24次洗手间，彻夜未眠。"小菠萝的样子不像是在说谎，"可是每次体检，我的内脏器官并没有什么问题。"

所谓"躺尿症"当然不存在，医学上对应的症状是"膀胱过度活动症"，简称OAB。虽然名字很奇怪，可是并不少见，在一次大数据调查中发现，它在人群中总发病率为16.6%，几乎每六个人就有一个，发病率会随年龄的增长而增高。和大多数人的印象不同，男人得病的概率并没有想象中那么高，反而是女性明显高于男性：成年女性总发病率为16.8%，男性为7%。结石、肿瘤、炎症、神经损伤和心理因素都能引起该症状，小菠萝显然是出于心理问题。

目前小菠萝面临两大难题，虽然外公的"骚扰"是问题的根源，可"膀胱过度活动症"则是每天都要面对的外显症状。人在紧张时交感神经会更加兴奋，肾上腺会加速分泌肾上腺素，导致肌肉收紧，反应也变得更快，以进入"战斗或逃跑"的状态，此时膀胱周围的肌肉也会收缩，导致尿急。经过简单的商讨，小菠萝同意先从"躺尿"的问题入手，改变自己的情绪状态。只有情绪好了，下一步的心理分离才有机会出现。

"我躺下的时候就忍不住紧张，可能是为了应对可能出现的突然打扰吧……我也知道紧张不好，有很多人也都会劝我别紧张，可是我做不到啊。"小菠萝回顾起校医对她说的一番话，"我们不论遇到什么困难，也不要怕，微笑着面对它，消除恐惧最好的办法就是面对恐惧！下次紧张的时候，试着放松自己，大喊一声：我叫不紧张！"虽说锻炼自己应对不良情绪的能力是调节的王道，可惜的是，如此积极正能量的校医和小菠萝的精神状态差太远，就好像刘海遇见孟姜女，谁也理解不了谁的心情。

"我看过您的演讲，发现很多时候您是个特别消极的人,甚至比我还消极,所以我来找您了。我想您这么消极的人都可以过得很好,我也可以。"小菠萝充满期待。

"人的情绪就像股市,起起伏伏很正常。我也是人,当然有消极和积极的时候。你现在也是在非常积极地寻求帮助啊。既然如此,你也能找到一条让自己不太紧张的路。"

对待紧张情绪,在某些情况下,是可以允许它存在一段时间的。如果这种情绪已经严重影响了自己的生活,那么就可以用最简单的方式来进行调节。紧张情绪在身体上最明显的表现就是心率增快。心率快导致血流增加,肾脏过滤也会加速,于是产生的尿量也会增加,加之膀胱肌肉紧张,排尿的冲动频率也会增加。即便进入睡眠环节,由于心跳依然很快,会增加代谢效率,使身体产生比正常情况更多的尿液。同时,紧张感会导致神经系统兴奋性增加,这也会导致膀胱"过于敏感",没有装满到一定程度就产生尿意。

心脏的高速运转需要大量的氧气,因此改变呼吸节律,就可以降低心脏的活动效率。我指导小菠萝进行缓慢而持续的腹式呼吸,但不要憋气。几分钟之后,她摸了摸自己的脉搏,果然跳得没那么厉害了。"但是我还是有些紧张,我有些口渴,但是怕喝完了又想上厕所。"

"现在不必过度控制自己,在我这里你有权利做放松的事情。紧张的时候机体本来就高速运转，容易口干舌燥，如果再没有水的话，会导致脱水，会让人更焦虑。所以你想喝水就喝，想上厕所就上。"

"这难道就是所谓的自然疗法？"小菠萝歪着头问。

"原理差不多，但是自然疗法没这么简单。"我看小菠萝似乎要偏题，就又把话题转移过来。我推荐她做一些"渐进式肌肉放松"运动，让身上的一组肌肉收缩几秒钟，然后放松，再换另一组肌肉。初学者可以先尝试控制四肢的肌肉，如果对身体控制比较好，那就可以尝试控制腹肌。腹肌处于人体核心部位，可以牵扯大多数肌肉，从而让人的关注度从情绪转移到肌体上。

"当然，你的问题是长期形成的，不可能在短时间内就调整好，你要做好心理准备。"我为了不让她期待过高，给了她一个小小的提示。

小菠萝似乎觉得这有些好玩，又希望我再教她一些方法。我于是提出了"正念"的概念。正念源于佛教中的修行方式，后来被美国心理学家用于心理疗愈。简单地说，正念就是完全专注于正在发生的事情，活在当下，即体会到我们在哪、正在做什么、有什么身体变化，而不做任何评判。如果大脑偏离正在做的事情，则需要马上加以纠正。

"举个我特别喜欢的例子：用半小时时间，喝完一杯酸奶。"

"半小时，我半分钟就喝完了。普通的酸奶怎么可能喝半小时呢？这是超大装吧！"

小菠萝的反应很正常，我接着解释："任何一杯酸奶都是独一无二的。当它在你面前的时候，这是你第一次接近它，也将是最后一次。你可以用眼睛看它的颜色，用耳朵听搅动它的声音，用鼻子闻它的气味，用舌头尝它的味道，用嘴唇和口腔皮肤探索它的触感。你会有很多不同的发现。"

"这听上去有些神奇，我从来没做过。"小菠萝有些欣喜，可是孩子的情绪来得快，去得也快，马上她又问道，"可是这样，就能解决我姥爷的问题？"

"现在还不到时候，如果你要对抗什么，那你自己必须要先变得强大。现在的状况，不管你怎么说，你姥爷也不可能听你的话，对吧？"

小菠萝有些失落地点了点头。

"可是，你和他相比，你最大的优势就是有时间，你还年轻，所以你有无限的潜能，现在即便你有很大的无力感，将来可不一定，事情总在发展之中。"

"我明白，现在我是个废物，但几十年后，或许……我就是个老废物了。"小菠萝有些自嘲。

"也有可能你会变成一个非常有成就的人。我还没见过未来的你，没见过的事情，我从不轻易判定。"

接下来我给小菠萝提了几点建议：适量运动，尤其是中等强度以上的运动，这样能有效缓解焦虑。睡前把手机放在远处，尽量保持长时间的休息，即便睡不着也闭眼保持一个舒适的固定姿势。

"这好像和心理没什么关系啊？"小菠萝质疑。

"身心是一体的，通过调节身体，你的情绪也会改变。如果你睡觉时总是翻来覆去，那其实是没有耐心的表现。坚持保持一个固定的睡眠姿势，你即便睡不着，也能得到休息。"

心理紧张的时候大脑发出的神经电流信号就容易紊乱，当然包括控制大小便的神经电流信号，这就导致控制大小便的肌肉群运动协调失调。除了总想小便之外，如果紧张导致腹泻，就是肠易激综合征。此时当事人越担心自己身体出问题，就越会紧张，然后就更想上厕所，形成恶性循环。

听了我的解释，小菠萝有点愤愤不平："这些生理机制真麻烦！"

"这些都是很有用的，比如肾上腺素，我称之为'狗急跳墙激素'，会让你在关键时刻激发潜能，小则让你赶上火车,大则能救你一命。"看到小菠萝缓和了一些,我接着说,"这些都是你身体的一部分,我们人类的身体有各种各样不完美的地方,心理也是一样,我们只要接纳自己,不要求自己过分完美,那就会快乐一些。"

小菠萝似懂非懂地点点头。

这次时间到了,我建议小菠萝回去试试我的训练法,一周后再来找我。

"可是我这次用的是特价咨询,每个来访者应该只有一次机会……下次我还能用特价吗?"小菠萝试探着问。

"当然可以。"经过一番长达两秒钟的轻微心理斗争,我点了头。

小菠萝第二次来的时候,这次她想和我探讨一下原生家庭的问题,正和我之前预想的那样。很明显,她的原生家庭并没有实现心理分化,而分化不成功,也意味着关系不健康。

"心理分化,到底是什么意思呢?"

我向小菠萝解释,在我们每个人的生命早期,亲子之间都有一种紧密的、完全共存的无法分离的状态,在心理学上称之为"低分化"的依恋状态。随着个人的成长,一个健康的人能和自己的父母实现情绪分离,成为一个独立的个体,而不受他人的情绪控制。

"可惜的是,现在有太多成年人,依旧无法实现心理分化。有些人和父母连接过于紧密,有些和自己的孩子连接过于紧密。在这方面,你并不孤单。"我十指交叉,轻度沉思了一下,"如果联系断了,他们就会尽力修补;如果无法修补,他们就会找到一个替代的人物来继续这样的关系。"

在很多父母看来,孩子锁门的行为是对父母的"攻击",切断了父母"无条件的爱",于是父母对此恼羞成怒。锁门这一行为本来是孩子为了维护自己的安全感而发生的,可是这却破坏了父母的安全感,以及他们"完全把控全场"的自恋感。

"我也看了一些心理学方面的资料,几乎所有的心理问题都和原生家庭有关,甚至很多人都说'父母皆祸害',我也对我的原生家庭很无奈。我非常想改变它。"小菠萝说着说着就没了声音,几秒钟后,她开始描述自己的恐惧感。很显然,在小菠萝心中,姥爷冲入她没上锁的屋子,并不仅仅是一个简单的行为,而让她感觉突然被一个外来器官强硬地撞入身体。所以她才会执着于"性侵"这个词。

"不仅仅是你,我这里所有的来访者都想改变原生家庭,我几乎每天都被问到这类问题。"

"那您一定很有经验,快告诉我怎么办才能改变自己的原生家庭?"小菠萝开始期待。

Case 7：分离个体化——孩子，你"没有"被性侵

"很可惜，发生的事情就是发生了。我们目前还没有掌握时间旅行的技术。即便掌握了，也可能要面对外祖母的因果悖论、维护历史一致性的香蕉皮机制、旁观者光速屏障、平行宇宙假说等，这些都太科幻了。当科幻的东西存在于想象中，可以使人很快乐，认真你就输了。"

"所以，很多人持续陷入童年创伤的痛苦旋涡中……"小菠萝似懂非懂。

确实，挖掘童年创伤对于很多人来说有治愈效果，对很多人来说就不行。这个问题在心理学圈子内也是纷争不断，弗洛伊德提倡深挖早期经历，荣格则更强调面向未来。现在流行的积极心理学，也更提倡寻找更多积极的新事物来覆盖"早期不良数据"——因为人类的记忆是不会遗忘的，只会相互干扰而出现提取失败。而作为一个各流派都学习一点的杂家，我更倾向于尊重来访者的选择，我的大部分来访者会选择深挖过去，但是这个过程通常很痛苦，能坚持下来的人寥寥无几，幸好我还有其他温和的疗法。

我向小菠萝介绍了一些常见的案例：某些人会为了改变原生家庭，找一个和自己异性养育者非常像的人结婚，从而试图通过改变配偶来改变自己的原生家庭，例如父亲经常花天酒地，女儿将来也会找一个花天酒地的女婿。这个女婿不但在精神上继承了岳父的恶习，同时也继承了岳

父的强硬。所以大概率这个女儿是无法改变自己的另一半的。

"他们想改变自己的原生家庭,我觉得有这种想法就是非常好的呀!"小菠萝满脸赞同的神情。

"有向上的动力当然好,可是积极的反对和积极的迎合,同样都是自我心理分化较低的表现。他们只是为了和父母对着干,而不考虑自己真正需要什么。"我开始认真了起来。

自我心理分化水平比较低的人,行为通常只能跟着自己的情绪走,而情绪又是被养育者牵引着的,因此自己处理问题时难以作为一个独立个体来进行理性判断,非常容易受到以养育者为主的外界的影响。也正因为如此,这类人就像易变形的软物质,往往非常容易生活在压力中。在面临较大压力时,这类人大概率会采取两种极端模式:一种是极端依赖他人,抓住一个人就像救命稻草一样;另一种则装高冷,尽量回避他人,以免将来陷入过度依赖状态,从而可能被讨厌,最后产生分离性焦虑。

"你放心吧,我对我的家人可没有什么分离性焦虑。我妈妈不愿意见我,我爸爸都不知道人在哪,我姥爷就不说了,我姥姥也重男轻女,对我不太好,我巴不得离开这个家……对了,你刚才说修复原生家庭是无法实现的,那要怎么办啊?"

"如果你的原生家庭真的非常糟糕,那么最好的方式是告别——不仅仅是身体上的告别,也是心理上的告别:不为了反对而反对,而是完全构建起新的家庭观念。当然这个过程会很难,以后你还有很长的路要走。现在你已经知道家庭成员不能过度连接,但是你要小心走到另一个极端——过度疏离。"接下来我大胆推理了一下:小菠萝的朋友很少,在同学中,她一直是个和大家若即若离的存在。即便有男生或女生对她表示好感,她一般也无法回报以同等的亲近之意。

"你在我身边装摄像头了吧?"小菠萝有些惊讶。

"如果你真有很多好朋友的话,你应该不会无聊到整天在校园里逛,还找到我这里。"我敲了敲自己的脑壳,"这只是很简单的推理而已。"

"我确实想要告别,但我不知道能不能告别成功,想必你不用推理也知道,我这样的中专生肯定学习不咋地。"小菠萝有些不好意思地挠挠头。

"正因为开局不太理想,后期你就要把更多的专注力放在能让你真正实现进步的事情上了。你关注什么,你就会慢慢变成什么。"

"确实啊,我连睡觉时都忍不住想东想西……那我该怎么办?"

"很简单，还是先从正念开始，治好'躺尿症'是第一步，以后我们可以用这种方式来对待大部分棘手的问题。"

"只要我专心学习某种技术，心无旁骛，就可以实现勤能补拙的效果了。"

"对了，还有一点，你以后不要说自己被性侵了。毕竟社会对于被性侵过的女孩并没有那么宽容，有时候也会给你的伤口撒一把盐。"

我没讲出来的部分是，小菠萝的这种自我判定，在潜意识中，把自己放在了一个受害者的位置上。既然是受害者，那就把自己受到的损害说得越严重越好。既然是受害者，那么问题都在别人身上，全都是别人的错，自己是无辜又无能为力的存在。每个人都有自己的人生剧本，通常在四五岁时就开始形成雏形，定下了喜剧、悲剧、正剧等基调。小菠萝把自己定位为悲剧女主角，而且还是特别惨的那种，这是一种可怕的习惯，但既然形成习惯，无疑对她自己是有利的。至少这种自毁行为，会让大部分本来准备进行小小抨击的潜在敌对者，变得对她无从下手了。

诡异的是，悲剧女主角还有更多不为人知的潜力。心理学家史蒂夫·卡普曼提出过一个"戏剧三角形"模型。在现实事件中，受害者、迫害者、拯救者的角色，常常是相互转化的。这三者象征着脆弱、权利和责任。脆弱的"受害者"是一个经常被脆弱、无助感淹没的人,并且不想对自己或自己的能力负责,因此需要寻找拯救者来照顾他们。由于心中满是委屈,受害者逐渐会对周围的一切,包括拯救者和迫害者进行谴责,最终自己变成一名迫害者,虽然他内心依旧会认为自己是受害者。谴责导致原先的拯救者变成受害者。迫害者通常对自己的蛮力毫无察觉,即便发出了大量的负能量,他依旧认为这是理所应当。

在本案例中,姥爷在距离上失去了自己的女儿,他认为自己是受害者,所以他期待小菠萝作为拯救者出现,长期生活在"小菠萝还是幼儿"的剧本中。而姥爷给了小菠萝许多自己所谓的"爱"之后,他认为自己是个关心孩子的拯救者,而这个角色,在外人看来,往往是迫害者。实际上此时他已经变成散发负能量的源头,而小菠萝是受害者。类似的相爱相杀剧情,可能会在一组关系里循环很多年。

那么怎么从三角形的循环旋涡里出来呢?存在主义心理学的主旨给出了答案:人必须意识到,自己是唯一能够为自己的愿望和生活负责的人。对于受害者来说,他要做的事情是三人中最简单的:停止抱怨和等待救赎,为自己的未来拼搏。最终受害者可以变为一个英雄。如果迫害者变成观察英雄的哲学家,而拯救者变成一个不替人捉刀的激励者,那这个三角关系会更健康。最终,英雄会变成赢家,做出很多改变性的壮举;哲学家会变成沉思者,发现很多规律;而激励者会变成战略家,用沉思者发现的规律来辅佐英雄。

当然,三者都产生良心变化的美好情节,现实中并不经常发生,我们也可以换一种思路:将受害者变为一个创造者的角色,他为了实现他期待的结果而逐步前进,应对可能的挑战。而迫害者此时被看作一个挑战者,他迫使创造者表达自己,并向上成长。拯救者则是创造者的教练,帮助他进行明智的选择。

我只对小菠萝表达了后一种思路,来对她形成新的鼓励。送走了小菠萝,我忍不住想写一些关于心理分化的文字。我们的国家有重视家族的传统,所以很多时候心理分化会遇到许多阻碍。

德国海灵格先生曾说过:"好的家庭,一定有界限感。"而心理分化的标志性事件是允许孩子有私密空间。包括我自己在内,许多孩子的卧室门都不能上锁。幸好我手速够快,开小差时可以在一秒钟之内关掉窗口,从未被父母发现过。

不许孩子的房门上锁,是父母等养育者表达控制性和入侵性的表现。这些父母不愿意与自己的孩子实现心理分化，甚至对分离有各种恐惧。而成功的孩子可能离开父母，所以他们就会无意中干扰并监视孩子，以免他们形成自己的独立性，最终走向可以脱离父母的成功道路。如果孩子会反过来指责父母侵犯隐私的行为，父母反而会理直气壮，甚至痛哭流涕，给孩子扣上不孝的帽子，孩子只能在这一场争辩中败北。虽然孩子希望尊重是相互的，但对于父母来说，父母掌握决定权，才是被尊重的体现。至于如何像尊重一个公民一样尊重孩子，这是许多父母不愿意面对的问题。

孩子也通常只会因为养育者的干扰行为而苦恼，并没有想到他们更深层的自私情结——他们要用各种行为宣誓，孩子是自己的，自己表达过度的"关照"也是正常的。在小菠萝的案例中，由于母亲远嫁，姥爷就把小菠萝当成了自己女儿的替代品，潜意识就是希望把小菠萝和自己牢牢绑在一起。如果某一天小菠萝完全适应了自己的随时入侵，那便是他心中的理想状态。那种状态里，没有"我和你"，只有"我们"。为了防止未来有一天小菠萝也离开，他要不停强调"你是个小孩子"，潜台词就是：不和我在一起，你就无法生活。

弗洛姆在《爱的艺术》中说，过度的忘我恰恰是自私的表现。很多童年的困扰其实都是父母以"爱"之名堂而皇之地施加给孩子的。这种过度的亲子之爱,将来会不会变得更畸形,乃至出现刑事案件,我不好说,也不敢说。面对那些对孩子过度关注的养育者,我们可以尝试告诉他们,锁门并不意味着孩子对他们的叛逆和攻击,更不意味着要抛弃父母、不爱父母,而是一种成长,一种独立进行自我探索的需求。

所有的父母在口头上都希望自己的孩子优秀,可是有太多父母会不停打压孩子,通过"孝顺""谦虚""低调"等标签将孩子锁在自己身边。孩子也不傻,他会模仿父母。自己年轻时候为了照顾父母的需要而牺牲自己,将来他也会要求自己的下一代照顾自己的意见,像《雷雨》里周朴园家的人们一样做好服从的典范。

周朴园家的畸形锁链最终在一场大雷雨中被斩断,而现实中诸多普通家庭的心理分化,依旧是一个将长期摆在台面上的热点问题。

毕竟,不管是哪一代人,大家都挺没安全感的。

而解决这一问题的钥匙,唯有先好好爱自己,然后在相互尊重的情况下,互相传递爱的信息。

Case 8：
恐怖症——我不敢出现在自习室

Case 8：恐怖症——我不敢出现在自习室

我在平原师范大学做代理咨询师时，接到过许多大学生的怪奇案例，最出奇的要数这一个。

这位女孩代号"陈小陈"，是个戴着眼镜的大三女生。虽说不是非常漂亮，但也是比较容易受到男同学们注意的类型。之所以提到男同学，是因为她的问题比较特殊：不敢出现在有男生的自习室。从资料卡里看，她的原生家庭似乎并没有什么问题：独生女，身体健康，父母双全，也都是城市知识分子。

接下来这个女孩向我介绍一个困扰她三年的问题："我每次进入自习室之后，如果看到其中有一个男生，我就会拉着和我一起来的女同学离开这里，直到找到一个没有男生的自习室，才能安定下来学习。当然，我不会告诉同伴我害怕男生，我会找些其他理由。"陈小陈似乎在讲述别人的故事，"幸好咱们学校是师范大学，女生占大多数，男生又普遍不怎么爱学习，所以我每次都能找到没有男生的自习室。"

"你感到不自在的时候,有什么具体的反应吗?比如血流加快,呼吸困难之类的?"

"我会汗毛竖起,浑身起鸡皮疙瘩,甚至手脚都会不由自主地颤抖,嘴里也会十分干渴,有迫切地想喝水的感觉,有时候会非常想去厕所。那种感觉,就好像自己要被猛兽吃掉,或者要被送到刑场一样。如果那时候非要让我坐在那里,我想我会晕过去。"

我听完陈小陈的叙述,拿起杯子喝了一口,又问:"那上课的时候,你们班的男生会让你感到不舒服吗?"

"上课的时候通常是男生女生分开坐,而且男生基本都在最后排,所以我不会注意到他们。"

"和你年龄相差不多的男老师呢?你看到他们会有不好的感觉吗?"虽然我知道她大概率不会有过于负面的情绪,但我依旧问了这个问题。

"他们也不会让我有害怕的感觉,所以我选择了你作为我的咨询师。"陈小陈用不可否认的口气说。

"那平时和同学们的接触过程中,和男生接触有没有让你感觉到异样呢?"我继续试探着问。

"我知道您想问什么,我有男朋友。"陈小陈推了推眼镜说。

"他知道你害怕某类自习室吗?"

"他不知道。我们俩之间也没有其他问题。你是第一个知道我的秘密的人。"陈小陈温和地笑着,那样子仿佛她才是咨询师,而我是一个来访者。

我停顿了几秒钟,继续说:"好,请多告诉我一些让你困扰的事情。"

"好的,不过你不必担心,我知道你现在毫无头绪,但这也是正常的。因为我曾经自己分析过我的问题,也是毫无头绪。"陈小陈的样子就差拍拍我的肩膀然后说句"年轻人继续努力"了。

接着陈小陈继续介绍了她的问题:只要自习室有男生,不论陌生熟悉、高矮胖瘦、黑白丑俊,她都会觉得很别扭。如果是在食堂、电影院等其他地方,她是不会觉得不舒服的。也就是说,激发她恐怖情绪的限定条件非常苛刻,即"自习室加男生",缺一不可。

"那如果你在自习室碰到你男朋友呢?"我似乎发现这个限定条件有一个漏洞。

"这是不可能的。"陈小陈再次露出成熟的笑容,"他的课余时间安排得很明确:不是在打篮球,就是在打游戏,根本不可能出现在自习室。而我是爱学习的人,我要好好学英语,将来把汉语版《圣经》翻译成英文……我知道你接下来会问我们俩的关系——我们俩都不是那种爱黏人的人，所以每周约会一次，平时谁也不干扰谁，这样挺好的。"

头一次被来访者连续预判，我不禁觉得这次是一个很大的挑战，于是我继续说："我还有一个问题。"

"我想你的问题是，我课余时间会干什么，对吧？"陈小陈笑容可掬，丝毫没有那种让人厌恶的洋洋得意。

"嗯，你可以对我说说。"

"我喜欢看书、学习，尤其是学外语。有时候我会接一些翻译的私活儿，也有很世俗的时候，和室友们一起逛街、吃饭、看电影。"

"听上去似乎并没有什么有问题的地方……"我停下来喝了一口水。

"您或许会好奇我为什么能猜到您的问题，我如果说是直觉，您相信吗？"陈小陈的样子非常真诚。

"不信。"我也非常笃定，这似乎是我头一次破坏了"无条件接纳来访者"的咨询师守则。

"我知道心理咨询需要聚焦于来访者，所以我说了男朋友的爱好之后，您肯定要问我对应的问题。"

"你在平时和他人接触的时候，也会把你的预判说出来吗？"我开始推测她的过度聪明或许是她问题的触发点。

"没有，我在大家面前说话不多也不少，也不爱传闲话。我知道您会认为,是我之前经常推测别人的想法而遭到大家的讨厌,这种情况也是不存在的。"如果不是陈小陈那种如春风拂面的态度,我或许会认为她是故意来为难我的挑战者。

"看来这点似乎也行不通,没关系,我们再尝试着探索一下其他方向。"我把手指放到嘴唇附近思考着。

"您也不用太着急,如果饿了的话,可以吃点东西,咱们边吃边聊。"

"你怎么知道我办公室里头有吃的?"

"如果我没猜错的话,应该是面包之类的。"陈小陈依旧笑着,似乎如果我没有面包的话,她马上会给我买一个。

"你说对了,我抽屉里确实有一个面包。"我从抽屉里拿出一个面包,"这次你又是怎么知道的呢?"

"好像没有什么原因,就是猜到了。"陈小陈依旧笑得很亲切。

"能不能说个你自己信服的理由呢?"

"如果非要找理由的话,我想是因为您这么工作繁忙的人一定无法经常按时吃饭,而高速的大脑运转又会消耗大量能量,所以您需要储备一些方便的食品。方便又耐储存的食物种类不算多,能快速充饥的就更少。例如软包装的肉类,可它们容易弄脏手;面包和饼干都比较符合条件,但我选面包。因为您比较爱喝水，饼干似乎不太符合您的口味，也比较容易掉渣。"陈小陈一副尽力说服自己，也说服我的样子，好像如果我不相信这些，就会认为她偷看了我的抽屉一样。

"虽然并不严谨，可是也算对了。"经历了短暂的偏题之后，我尝试再次聚焦于来访者，"那么我们回到你的问题：你的推理能力这么强，可是却依旧无法找到让自己不愉快的元凶，这会不会让你更不舒服呢？"

"会。我大学就是保送的，如果不出意外也会保研到英国去。解题对我来说是轻车熟路的事情，可是这次我遇到解不开的题了。听说你也很擅长推理，而且不按常理出牌，所以我来了。"陈小陈说话的样子一点都没有透出焦虑感，仿佛是在和我讨论一道数学题。

"目前我能想到的常见原因，都不是你想要的答案……"

"没关系的，很多人在我这里一分钟都坚持不了，你已经很棒啦！"她的表情就像一个学姐在安慰经验不足的小学弟。

"要不……你吃点面包？时间也不早了。"我把面包往她的方向推了推。

她看了一眼面包，快速做出回应："不用啦，我不吃任何含有乳制品的食物。你自己吃吧。"

"你是乳糖不耐吗？"

"不是，只是单纯地不喜欢而已。"她的回答也没什么毛病。

我当然不能当着她的面吃东西。于是我们又继续探讨起可能的原因。正当我聊到"你最重要的东西是什么"这一话题时，她看了看墙上的表，站了起来："现在我们时间到了，和你的聊天能让我暂时轻松下来，我们下次再见吧。"声音还是那么温暖。

大部分来访者都会生怕自己不能多讲一会儿，可是她却相当守时，这是个好习惯。

"那你对这次咨询还有什么建议吗？"

她站起来仔细看了看我的咨询室，好像在寻找什么似的，大概十几秒后才说："我发现你电脑的电源指示灯颜色不太好看，这有可能会让来访者分心呢。"

电脑上的指示灯是非常普通的黄绿色，和大多数电器上的类似。这个问题倒是头一次有人提出来。

陈小陈却反过来问了我一个问题："我觉得你还有要问我的事情。"

"这次时间真的到了，而且这个问题也不适合在第一次咨询的时候问。"我解释完之后，这次特别的咨询终于结束了。

陈小陈离开后不久,我也走出了咨询室。门外就是通向操场和食堂的路,此时一个男生差点撞上了我。这是一个有些眼熟的男生,但是我并不知道他的名字。

他怔了一秒钟,马上认出我来:"啊,是朱老师啊,要不要一起去打球?"我给很多班级的同学都做过讲座,认出我倒是不奇怪。

"不去了,我要去食堂吃饭。"我婉拒。

"那吃完饭要不要来操场?"

"我其实不会打球。"

"没关系,其实我们都不会。"这个男生说着,随即又有几个小伙子走了过来,有几个已经把上衣脱了,似乎随时要上场的感觉。

"将来或许会有机会的。"我说罢赶紧离开了这几个小伙子。

即便我本来就很喜欢运动,此时也没有心思去做了。

在食堂吃饭的时候,我一边吃一边掏出手机来看视频。突然旁边一个人拍了我一下,我一转头,正是陈小陈。

"你也喜欢看动画片?"她问。

"如果正好是我喜欢的题材,我会看一看。"

"我也爱看,你能分我一个耳机吗?"她似乎很感兴趣。

"这不是第一集,你会有很多看不明白的情节。我可以把文件分享给你。"我再次婉拒了旁边的人。

"那算啦,我其实已经吃完饭了,我想我该走了。"她说着,站起身来仿佛要走,又突然俯下身子在我耳边说,"老师,我们下周再见。"

如果只看这些场景,她丝毫不像是一个有恐怖症的人。恐怖症不是单纯的恐惧感,而是一种神经症。所谓恐惧,是一种重度焦虑,也是人类的基本情绪之一;而焦虑是轻度的恐惧。焦虑通常轻度而持续,恐惧则猛烈而短暂。如果一个人的恐惧感过于强烈,且程度与实际危险不符合、发作时有焦虑和自主神经症状、有反复或持续的回避行为,同时知道恐惧过分不合理,但无法控制,这就是到神经质的程度了。在做心理诊断时,我们分辨症状类型最重要的一个因素就是持续时间。如果她真的反复发作了三年,这显然是神经症的范畴了。恐怖症的发病者通常都是女性,青春期和老年期的女性发病最多。

第二次和陈小陈进行咨询,我设想了几个有可能的压力源,但是都被她否定了。我只好从"恐惧感"的形成机制帮她剖析。

"有很多恐惧是天生的,也有很多恐惧是一种后天养成的习惯。"我对她讲解道。

"我知道,我听说过小阿尔伯特的故事:美国心理学家约翰·华生在这个孩子很小的时候,每当孩子接触小白鼠,毕生就会用噪声吓哭他,从此以后孩子每次见到有白毛的东西,不管是白鼠、白兔,还是白胡子,都会害怕,虽然他已经完全忘记自己小时候的实验。"

"如果不是这个实验,小阿尔伯特或许会成长为爱因斯坦——不过幸好你现在依旧学业有成。"我在接话的同时再次把话题聚焦在她身上。

"叫阿尔伯特的不一定都是科学家,叫华生的也不一定都那么厚道。但是我相信你是个可靠的人。"陈小陈说着,又往前坐了坐,"这种恐惧或许和我的早期创伤有关。"

"不是或许,是肯定。"我顿了顿说,"如果无法从认知角度找出答案,那么就只有最后一招了。"

"难道是……"陈小陈眨巴着漂亮的眼睛。

"如果你相信我,我们可以试试催眠术。如果你有担心的话……"

"我知道,不必让一个女同学在旁边看着我,即便我被催眠,我也相信你是好人。"陈小陈很确信地说。

"不仅仅是这个,我之前只学过催眠的理论,如果可以的话,你会成为我的第一个实践对象。"

"那……会不会你把我催眠之后无法唤醒?"陈小陈丝

毫没有担心的表情。

"你是指达到无法唤醒的程度？我想我现在还没有这么厉害。"我认真地解释。

"好，你应该早点告诉我这个方法。"她有些相见恨晚。

"现在也不晚，毕竟我还不够熟练。"我再次给她打预防针。是否能够进入催眠状态，这和个体的受暗示性相关，有些人由于受暗示性非常弱，因此非常难以被催眠；而有些人极其容易受暗示，这类人就很容易进入状态，目前还难以判断陈小陈到底属于哪种，这也是我迟迟不肯用催眠术的原因之一。

"别说那么多，来来来！"说着她就坐到了旁边的躺椅上，仿佛她来过很多次，已经是咨询室的熟客一般。

"好，请让我准备一下。"

"你是不是需要用一个金属小链球或者是怀表什么的作为催眠道具？"她问。

"这倒不是必要的，只要能引起你的注意，任何东西都可以，哪怕是手指或者声音都可以。"我说着从抽屉里拿出一个打火机，"火苗也可以，我们先试试看。"

看到她已经躺好，我走到她跟前，示意她先开始放松训练。

"放慢你的呼吸，越来越慢……"我也放慢自己的呼吸，给她形成无形的示范，"现在你的双脚逐渐放松，变得柔软无力，仿佛感受不到它的重量，你的双脚已经完完全全地放松……你的小腿逐渐放松，变得柔软无力，仿佛感受不到它的重量，你的小腿已经完完全全地放松……现在，你的膝盖逐渐放松，变得柔软无力，仿佛感受不到它的重量，你的膝盖已经完完全全地放松……你的大腿逐渐放松，变得柔软无力，仿佛感受不到它的重量，你的大腿已经完完全全地放松……你的骨盆逐渐放松，变得柔软无力，仿佛感受不到它的重量，你的骨盆已经完完全全地放松……你的腰椎逐渐放松，变得柔软无力，仿佛感受不到它的重量，你的腰椎已经完完全全地放松……你的腹部逐渐放松，变得柔软无力，仿佛感受不到它的重量，你的腹部已经完完全全地放松……你的胸腔逐渐放松，变得柔软无力，仿佛感受不到它的重量，你的胸腔已经完完全全地放松……你的肩膀逐渐放松，变得柔软无力，仿佛感受不到它的重量，你的肩膀已经完完全全地放松……你的颈椎逐渐放松，变得柔软无力，仿佛感受不到它的重量，你的颈椎已经完完全全地放松……最后你的头部也完全放松，整个人仿佛一块糖溶化在温水里。"

放松的方式有很多种，有的先从脚部开始，有的先从头部开始，经过我个人的多次测试，我认为还是先从脚部放松比较有效，因为头部放松后容易失去对身体其他部位的控制。真正的催眠要比这次描述的更复杂，要反复重述指导语，让被催眠者受到较深的影响。

"现在，你看着我手中的火苗，感觉眼皮越来越沉重，越来越疲惫，在十声数之后，你会进入到一个冥想状态：一、二、三、四、五、六、七、八、九、十。好，现在你已经进入了潜意识中。"陈小陈很配合地闭上眼睛。

催眠的指导语并没有固定的句子，总体都是为了让被催眠者放松，然后进入一种特殊的意识状态——催眠状态。催眠并不是睡眠，很多失眠患者希望我能够用催眠术帮他们治疗，这便是一种概念上的混淆。催眠是介于睡眠和清醒之间的状态，此时大脑的电波是阿尔法波，和修行者冥想时一样。此时人类进入了平时被压抑的潜意识，能想起来许多曾经"忘记"的东西。

不过催眠必须被配合，如果对方保持警惕性，则无法进入催眠状态。所谓的民间奇术"拍花子"，用手拍一下就能让人进入催眠状态，完全服从发令者的指示，目前仅仅是一种都市传说，并没有发现实际的案例。

我继续指导陈小陈："现在我每报一个数字，你的年龄就减少一岁：一、二、三、四、五、六、七、八、九、十。好，现在你有没有遇到什么对你造成重大影响的事件？"陈小陈眉头皱了一下，然后说："没有。"

"好，我们继续回溯。我每次报一个数字，你就减少一岁：一、二、三、四、五、六……"陈小陈在听到"六"时，突然表情扭曲了起来。这时候，她四岁。

"遇到那件事了吗？"听到我的问题，陈小陈艰难地点点头。

"你看到了什么？"我轻声追问。

陈小陈的双唇嘟哝着，我靠近听，只听见她从牙缝里挤出三个字："畸形的！"

我轻轻提示她继续说下去。突然，一辆大车从窗外驶过，闪亮的车灯光正照在她脸上，同时伴随着一阵车喇叭声。陈小陈猛然睁开眼，脸上似乎有疑惑的表情。

"这是白天，开什么车灯啊！"我内心抱怨道。

我询问她是否还记得刚才说过什么，她摇摇头说自己什么都不记得了。这就是催眠的一个神奇之处，被催眠者并不知道自己被催眠，就像很多人醒来后都记不得自己的梦境一样。

"你刚才说了三个字——畸形的。你对于和这个词有关的东西，有什么印象吗？"

陈小陈冥思苦想了一阵，告诉我："我的父母比较信教，有时候会带我去宗教场所，而宗教场所附近通常都有一些身体畸形的人乞讨。"

"这件事给你造成什么样的影响呢？"

"每次看到的时候我都会很不舒服，但是过后也不会想，毕竟这种情况一年也见不到几次。"

"你在学校里见过类似的畸形人吗？或者……在实验室之类的地方？"

"我是学英文的，也不至于去人体解剖室什么的。"陈小陈马上猜到我要问什么。

那就很奇怪了，这次似乎又走到了死胡同。

陈小陈似乎为了缓解冷场的尴尬，看了看咨询室内的环境，对我说："谢谢你。"

"谢什么？"

"这次你用记事本挡住了电脑的指示灯。"她脸上又露出了可亲的笑容。

"没什么，有时候我也觉得这指示灯很碍眼。"

我俩四目相对几秒钟，突然不约而同地笑起来。

"你们男生不是都对电脑特别爱惜吗，也有嫌弃电脑的时候？有一次我不小心卸载了男朋友电脑上的一个软件，他气得都快哭了。"笑完之后，她给我分享了一件小事。

"那应该是个很重要的软件，而且不是网游之类的。那就应该是迅雷吧？"

"是啊,你怎么知道?"

"网游的只要有账号,重新下载客户端就可以。对于大部分男生来说,除了游戏也只有下载的某些资源了——你删了软件不要紧,关键是把他辛辛苦苦找到的资源搞没了。"

"你果然是个擅长推理的人,不过他并没有给我解释为什么迅雷这么重要,似乎有难言之隐。"陈小陈回忆着说。

"最后我还有一个问题,你俩发展到哪一步了?"

听到这个问题,陈小陈马上挑了一下单边的眉毛。我们又进入了几秒钟的沉默。

"好,我知道了。"我没有继续追问下去。

男友不方便告诉女友的下载资源,大概率是不合法的成人电影。而且这也透露出来,两个人并没有到发生亲密关系的程度,至少不能完全摆脱其中的尴尬。陈小陈和男友并不如胶似漆,因此男友也没有成功提出过要求。或许他本来是想约陈小陈一起欣赏某类电影,而陈小陈却有意无意地删掉了他的全部资源。这让本来想制造"惊喜"的男友哑巴吃黄连——有苦说不出。

陈小陈对于这部分推理表示同意。

"可这不是关键,关键是我为什么会害怕自习室的男同学。"陈小陈又回到了原先的话题。这一点很难得,大部分迷茫的人并不会聚焦问题。

"我还想了解一下,在你的小时候,你的爸爸和你有哪些互动?"

"我爸爸对我很好,经常带我去各种地方玩,有时候会带我和我妈妈到我叔叔家玩,我叔叔只比我爸爸小一岁,两个人感情很好。这也是为什么我名字里带有两个陈字。小陈就代表我叔叔。我叔叔没有孩子,对我非常好,经常给我买东西。"

"那他们有没有对你不好的时候?"

"嗯……"陈小陈脸上挤出古怪的表情,似乎一件痛苦的事情要浮出水面。

"好吧,我想到了一个故事,不过这个故事或许会再次对你造成心理阴影。我想我们可以慢慢还原它……"

"我做好心理准备了。"陈小陈从包里掏出一个小记事本。

想要接近潜意识,催眠并不是唯一的方法,自由联想也可以做到。自由联想是达尔文的表弟——优生学创始人高尔顿在1897年提出的,通常是被试者根据相关提示单词来联想到新的一个单词或一系列单词。

虽然自由联想不如催眠那么深入,但是加上我的推理,我相信不是难题。于是我总结了之前我感到奇怪的点,让她由此进行自由联想：关键词包括乳制品、电源灯、教室、男大学生、恐惧感。

在我们的共同推演之下，她的本子上终于出现了一个完整的故事：

那年我四岁，一个周末，我爸爸妈妈带我去叔叔家玩，就像平时一样。

吃完饭后，妈妈和婶婶在厨房刷碗，爸爸和叔叔在卧室聊天，他俩聊得很愉快。此时的我，只想去看动画片。于是我打开了电视机，随便按了几下上面的按钮。

突然，电视里出现一个恐怖的画面，一男一女没穿衣服，做着奇怪的动作，女人似乎在惨叫。我当时被吓呆了。

由于电视的声音不大，我足足看了一分钟，之后正好看到男人在做奇怪的动作，就问爸爸："爸爸，电视里的叔叔都这么大了，为什么还要吃奶呀？"

爸爸正和叔叔聊得起劲，我于是又问了一遍，爸爸和叔叔才注意到我有不对劲的地方。爸爸赶忙过来捂住我的眼睛，让叔叔找遥控器。我从来没见到他这么紧张过。

可遥控器就是这么神奇的东西，你很多时候都找不到。叔叔翻了好几个地方找不到，此时他脸上竟然出汗了。

爸爸连忙捂着我的耳朵，说："这是世界上最可怕的恐怖片，你不要看，不要听。"

Case 8：恐怖症——我不敢出现在自习室

叔叔连找了好几个地方都没找到，好不容易翻出来遥控器，却发现并不管用。

还是爸爸眼尖，说你这是电视遥控器，那是影碟机放出来的！说着指了指电视下面的影碟机。影碟机果然正显示着黄绿色的指示灯，和很多电脑的指示灯一样。为了不让我靠近电视，爸爸只是捂着我的眼睛，并没有靠近去关掉影碟机。

叔叔一个箭步冲上前去，按了电视的电源键，他和爸爸四目相对，都长出了一口气。

现在想起来，我看到的画面里的一男一女，正好处在一个空旷的教室中。虽然当时四岁的我还对教室印象不深，在后来的回顾中，这两个人看上去都像是大学生。

我很奇怪爸爸为什么不让我看电视，虽然他说是恐怖片，可是当时我并没有十分害怕，反而有些责怪爸爸打断我。

我说："我要看电视，我要动画片！"说着又向电视走去。

爸爸立即对我吼道："你就知道看电视！你去一边玩！"

"我不想玩，我就想看电视！"

"你去学习去！"

幼儿园的小孩子能有多少作业，我早就写完了。我爸一听，马上又吼道："去找你妈去！"

爸爸从来没有用这么粗暴的语言对待过我。他一边说着，一边几乎是拎着我的领子把我提出门外。

紧接着是砰的一声关门声。

我顿时号啕大哭。隐约间，我仿佛听见爸爸和叔叔说什么"一会儿咱们再慢慢看"。

我妈妈和婶婶听到哭声，赶紧过来看我，我告诉她们爸爸不让我看电视，她们安慰了我几句，并没有当作太严重的事情。

这事情似乎就这样过去了。

我还是有些好奇，我是个爱观察的人，在幼儿园和小朋友们一起洗过澡，在家里也和爸爸一起洗过澡，大人孩子的都见过。我知道男女的下半身是不一样的，可是爸爸的形状和电影中男子的形状完全不一样，电影中的要大好几倍。

这是为什么呢？

很快我有了答案。

几天之后，爸爸又带我出去玩，走到一个路边马戏团旁。

这种马戏团都是帐篷搭的，老北京人叫作"腥棚子"，经常出现在热闹的路边、公园以及庙会上。"腥棚子"里头大多展示各种奇怪的人和动物。有双头人、大头娃娃、人头蛇身、长着巨大手脚的人、多腿的牛、人脸的猫、鱼尾的猴子等等。有些是活的,有些是泡到玻璃罐中的,有些则是图片展示,从活的到死的再到图片,这些东西的怪异程度依次增加。这里面的东西大多数是假的,用江湖黑话叫"腥活儿"(反义词真货叫"尖活儿"),这也是其名字的由来。

爸爸带我进去看,我觉得非常诡异,又联想到了前几天看到的人,也有一部分巨大的肢体。

从帐篷里出来,我在路边狂吐不止。

晚上回家后,我再次狂吐。妈妈责怪爸爸说:"你真不该让她吃庙会上的羊肉串。"爸爸有些不好意思地说:"或许是因为看到了恐怖的图片……"

后来我慢慢知道,有很多怪人和奇怪标本都是人工制作的,渐渐我不再那么害怕这类东西,只当做是一种行为艺术和特殊雕塑。

可是我在视频中看到的,怎么都不像是特效。

这种在非上课时间、出现在教室场景里的"畸形人",给我留下了心理阴影。

陈小陈深吸一口气,缓缓睁开眼睛。

"Welcome to the real world(欢迎来到现实)。"我对她

说。之所以用外语，是因为这会在她的大脑内形成一次信息转化，从而更关注信息类的内容。毕竟回顾这段故事，万一被情绪吞没，就无法进行积极的转化了。

"所以，我把很多让我不适的东西都集中在一起，最后具象化为一个特定的场景。"

"对，有很多事情我们找不到原因，但是未知的东西是最恐怖的，所以我们必须给它找一个可能的解释，哪怕这个解释并不是十分合理。"看到她情绪还不错，我接着问，"我还有一个问题，在第一次就想问你：如果你的恐惧来源是与性相关的，当你和你的男朋友涉及那方面的问题，都是如何处理的呢？"

陈小陈听到这个问题，欣慰地笑了起来："他对于那方面的事情并不是很关注，虽然曾经也暗示过我，但是我装傻，他也没有一直强调这事。"

"可能在他的心里，更关心你过去的秘密，以及帮你解开可能存在的心结吧。"

"我可不希望他为了我担心，当然，我也不会告诉我的父母。"她略带担忧地解释。

"替别人担心，说明你是个善良的人。可是世界上最重要的人就是你自己，也不必把所有的重担都放在自己身上。"

"所以我来找你了。我的男友神经很大条，换句话说就是很容易相信我说的任何话，这虽然也是我喜欢的地方，但是显然不适合帮我打开心结。"

"比起每次生病都找医生，养成良好的生活习惯更重要。毕竟我们的舆论对于心理咨询还是有一定的偏见……不说这些，总之，希望你以后能更幸福。"

我向她介绍了正念疗法中的自我观察法："每当我们有了负面情绪，不必着急解释它，你可以先对它进行观察，例如：此刻我的血流加速、我的脸变红、我的心跳变得更有力、我的双手在颤抖……我们站在第三视角，观察当下发生的事情，就会有不同的观点。"

如果重新观察一遍，陈小陈的案例就非常简单：她的父亲不允许她看某些东西，陈小陈感到自己的行为和好奇心都受到了束缚，产生愤怒，继而反抗。紧接着遭到父亲的"粗暴对待"，于是产生了很大的恐惧感。如果分析止步于此，那么她的恐惧感也会变成短暂的情绪。可是陈小陈太聪明，这导致她比其他人想得多，导致了分析过度。

由于平时大部分时间，父亲对她非常好，陈小陈并没有将这种恐惧感和父亲的行为联系在一起，这种恐惧感又必须寻找原因，于是就变成了对"畸形人"的恐惧感。

恐惧是人类的基本情绪之一，在婴儿刚出生的时候，受到惊吓就会有明显的反应。恐惧感由大脑的杏仁核控制，可以让我们远离危险。对于"伤病和死亡"的恐惧是刻在基因中的，因为当看到死人或明显发生外部变化的伤员、病人时，我们会产生本能的恐惧感，其内因是"大脑要求我们远离可能的危险或传染病源，就用一种非常暴力的方式迫使我们离开"。因此，克服了这方面恐惧本能的医护人员都很可敬。

恐惧感通常是有针对性的，例如"一朝被蛇咬十年怕井绳"，这种机制能有效保护我们再次受伤。可是任何心理机能都有滥用的可能性——如果一个人明明知道自己在面对某些物体时的恐惧感是不合理的，但是还是会反复发作，持续 1 个月以上，就有可能是恐怖症了。当恐怖症发作时，体内的血浆去甲肾上腺素水平和甲状腺素释放激素升高，外部反应通常为脸红、手抖、恶心、尿急、呼吸急促、瞳孔缩放幅度大等。常见的特定类型有广场恐惧症、幽闭恐惧症、社交恐惧症、深海恐惧症、巨物恐惧症等。理论上万物都可以成为恐惧的对象，哪怕是大部分人认为的非恐怖事物，例如鸟类恐惧症、字母恐惧症、学科恐惧症、歌声恐惧症、金属恐惧症、蛋糕恐惧症等。还有一种比较特殊的相似心理疾病——惊恐症，又叫急性惊恐发作，它没有特定的恐惧对象，也没有固定时间规律，会反复突然出现，伴随着剧烈的心悸、出汗、震颤等自主神经症状，以及内心难以控制的濒死感或失控感。由于我们此次的案例不符合此症状，这里我们暂不多做讨论。

陈小陈临走时，我给了她最后一条建议："如果你有不开心的事情，可以尝试着和你的男朋友聊一聊，其实他或许并没有你想的那么大条，在你们的交往中，他还是很照顾你的情绪的。至于为什么整天都在玩，有一部分原因是在你这里行为受到了束缚，又不能像你那样受了束缚就发火，所以只能将这股怒气转移到游戏和篮球上了。"

我没告诉她的部分是，她的男友应该就在邀请我打球的几个男生之中，他是想借着打球来和我产生交情，从而间接关心一下自己的女友。可能他没有注意，女友想把中文版圣经翻译成英文，这个行为本来就非常奇怪，就像美国人要把四大名著英文版翻译成汉语一样，而不上自习的他并没有关注到这一个本来非常容易得到关注的行为。如果二人可以从一个好的出发点多看看对方，往往会看到更多可爱的事情。有时候最容易被人忽略的东西，恰恰是现在最期待的爱。

事情的内因，并不常常如其表面。

Case 9：
非理性尴尬——不能联系的"终身挚爱"

Case 9：非理性尴尬——不能联系的"终身挚爱"

"今天给你白送一笔钱！"我的老朋友刘沃森在电话那头十分兴奋，"我给你介绍的这个姑娘，从来没有恋爱经验，只咨询一个很简单的问题，你绝对是手拿把掐。"

"话别说那么早，我一贯运气没那么好。"我马上让他别这么兴奋。

"呵，你还来了个单押？咨询有嘻哈？"沃森和我逗贫。

"是三押。"我稳健地说。

沃森之所以给我开这类玩笑，是因为今天这个姑娘代号"欧阳静"，研究生毕业一年，现在在老家一个小县城当了公务员。她看上去中规中矩，和大多数年轻女性并没有什么不同。她的问题也非常常见：喜欢上一个家人介绍的男生，只见过几面，如何让他主动联系自己。这果然是个送分题。

但隐约之间，我还是觉得不对劲，如果事情真这么简单，她没必要这么大老远跑来找我——据她透露，我俩城市的名字虽然只差一个字，但二者的距离超过了一千公里。

虽然我提醒过她，在直播间连麦或打电话提问就可以，但她表示不想让那个男生知道，所以必须保证私密性。

听到我的疑问，她给出了看上去有些合理的解释："第一，我在网上看过您的直播，觉得您比较有实力，应该能帮助我；第二，我的事情绝对不能让我圈子里的任何人知道，因此我特意找了个比较远的咨询师；第三嘛，我恰好需要一个借口离开我家一段时间，所以我就来北京了。"

没等我接话，她就又继续发表自己的观点："老师，我真的很喜欢他，我认准他是我的终身挚爱，我决定，这次行动就称为'拯救欧阳爱情大作战'，咱俩以后就是同盟军啦。"

"你以后要加油了，像这种个子高，又在事业单位工作的本地男生，可是很受欢迎的。"

"您怎么知道他有这些特点？"欧阳静有些惊讶。

"你是老家县城的公务员，而你的亲人给你介绍对象，也基本会选择门当户对的，同时也是让长辈满意的，所以我觉得他应该也是在事业单位工作。而大部分外地人不会选择在小县城的工作，所以他是本地人。而你也并没有说你的父母强烈反对你俩的感情，更说明他的条件很符合当地的择偶标准，所以我就几乎可以确定了。"

"那我也没说他个子高啊！"欧阳静有些不服。

"你俩接触并不多,而他却值得让你跑到首都来找心理师,那他看上去一定是那种会吸引你目光的类型,也就是说,你非常满意他的外形。有多少女孩会痴迷于矮个子的男生呢?"我摆出自己的证据。

"可是我万一就是个口味特殊的人呢?"欧阳静反问。

"如果你真的喜欢小个子,那你可选的对象会很多,因为女性喜欢矮个子男人的概率并不高。正因为你对身高的要求砍掉了更多的候选人,所以你才会把他留到现在。"我有条不紊地说出来。

"我果然没看错你。让你给我当军师,这事儿稳赢了。"

"没什么,基本的演绎法而已。这些都不重要,关键是,他之所以对你不热情,其实原因很简单,他并没有被你吸引。大概率是由于你的条件或表现并不符合他的预期。"我继续推测。

"对啊,我见他的第一面就喜欢上了,见到第三面我就表白了。可是他说我们俩不适合。"欧阳静用难以置信的表情说,仿佛在表达"我这么喜欢他,他怎么可能不喜欢我"。

"所以你现在打算怎么办?"

"我想让你给我出个主意,让他来追我。"一提到这个,她眼里又有了光亮。

"这个很简单,我们只需要做好个人品牌建设,也就是展示你的优点,并且让他看到就好,送分题。先说说你的优点吧。"

"我会 Rap,喜欢拍照片,还喜欢看书,基本都是读三毛和张爱玲的……"欧阳静有些兴奋。

"这些优点中,哪些是能让他感兴趣的呢?"

"好像没有,他喜欢踢足球,骑摩托车,打街机游戏。"欧阳静思量着。

"也就是说,你们俩目前在兴趣上没有任何交集对吧?"我不乐观地问。

"好像是……不过这个不重要啦,我喜欢的是他这个人,会好好爱他,这就够了。"欧阳静却很乐观。

"说得也是,只要你的生活足够精彩,经常和他分享,或许他也会感兴趣的。"

"那不行,我已经主动和他联系三次了,我不能再主动了。我最多在朋友圈发点东西给他看,是不可能主动给他发消息的。"

"你刚才不是还说会终身爱他吗?现在怎么……开始计较了?"我试探着问。

"我是女生,搞对象都是男生主动联系女生的,我也是要面子的。如果我总是联系他,这会显得我很掉价。"欧阳静一副有理有据的样子。

看我没有马上接话,欧阳静又显得有些失落:"如果我发消息了他没回复,那我就更尴尬了。不行不行,我绝对不会给他发任何消息的。"

"那你觉得,爱和面子,哪个更重要呢?"我问。

"爱是爱,面子是面子,这是两回事。"她的上身猛然前倾,"您一定有办法,让我在保证面子的前提下,得到他的爱。"

我沉默了几秒钟,深吸了一口气说:"任何一段稳定的关系,都是建立在互惠基础上的。如果你不想拿出你的面子,那么就要有其他的东西……"

"当然有!我为了他,很多个晚上都没睡好,还花了路费和咨询费来找您,这都是我的付出!"欧阳静振振有词。

"你确实付出了,可是这些对他来说并没有任何增益,你是要和他谈恋爱,不是和我。"

"我也曾经送他礼物,可是他不接受。"欧阳静的气势顿时消失了。

"不接受,说明他并不需要你送礼物,或许他需要别的东西,只要人活着,总是会有各种需求的,只要你掌握了他的需求,就可以和他建立联系,依旧是一道送分题。"

"关键是我真不能接着联系他,我如果现在低三下四的,以后就一辈子都抬不起头了。从哲学角度讲,现在就是未来的缩影。"欧阳静似乎确实看过不少书。

欧阳静的观点看似无懈可击,实际上有许多纰漏之处。我向她介绍了一条心理学知识:心理学家韦斯勒(R. A. Wessler)在 1980 年总结过导致常见心理症状的三种不合理信念——绝对化要求、过分概括化和糟糕至极。在本案例中,这三种信念都出现在欧阳静的观点中:"男人应该主动追求女性",这是她的绝对化要求,以自己的意愿为出发点,对某一事物怀有认为其必定会发生或不会发生的信念,它通常与"必须""应该"这类字眼连在一起。由于客观事物并不能完全依照她的期望运行,因此怀有这种不合理信念就非常容易进入情绪的死胡同。

"'应该'二字,意味着其中有规矩在约束。可是这规矩只属于你自己,显然不被他认可。即便是共同认可的规矩,也会有人打破,例如每天都有行人闯红灯,你也不能枪毙人家。"

"如果有一天我当了领导,我就规定闯红灯的人都枪毙!"她突然握紧了双拳。

"过分概括化"则是一种以偏概全的不合逻辑的思维方式的表现。例如欧阳静担心自己在直播间连线会被目标男生发现,这明显是有悖于逻辑的假设——目标男并没有看

Case 9：非理性尴尬——不能联系的"终身挚爱"

直播的习惯，即便看到了，目标男对于她的声音也不熟悉。而她的假设是，只要她在公共场合有所活动，就会被别人看到，被别人看到后，就会传递给目标男或者被目标男直接看到。这也是她非常寄希望于发朋友圈的原因——只要有一次被他看到，就会持续被他看到。

第三条不合理信念"糟糕至极"又称为"灾难化思维"，有这种思维的人会夸大事件造成的不良影响，从而陷入极端不良的情绪体验（如耻辱、自责自罪、焦虑、悲观、抑郁）的恶性循环之中，难以自拔。在本案例中，欧阳静被拒绝了几次，就担心再发消息会被对方厌恶。同时也觉得现在不能找回面子，以后也无法找回，这就是典型的"灾难化思维"。用我提出的心理流动论解释，就是她把自己放在了一个不变的僵化位置，同时认为对方也在固定的僵化位置，因此两人的关系不可能得到改善。

欧阳静听了我的讲解，脸上浮现出一丝艰难。

"再换个角度想想，如果你不主动联系他，就等于放任他决定要不要联系你。"

"您说他多久会来联系我？"欧阳静似乎又有了一丝希望。

"你已经放弃了联系的权利，把主动权交给他了，你现在也就没有权利问了。"

"行吧,那我多发发朋友圈,他应该会看到。"欧阳静这话说得很不自信。

"你确信他会看朋友圈吗?"

"应该……会吧,还有人不看朋友圈吗?你不看吗?"欧阳静想继续为自己的观点找证据。

"我大概有五六年没看过朋友圈了吧,如果我想知道某位朋友最近怎么样,我会直接点他的头像看他的朋友圈。"

"那说明我还有机会呀!"

"你发出来的东西就相当于在为你做广告,在公共场合的露天广告和直接推送到手机的广告,你觉得哪个会更引人注意呢?"我用了一个类比问她,"我一直都认为,朋友圈内容是给那些平时在你朋友圈潜水的人看的,好的朋友圈可以让潜水员浮出水面,如果你俩还能正常聊天,我不建议你总是通过这种方式刷存在感。"

"可是我给他发消息,万一被他拒绝怎么办?"

"可如果你发了,他有一定概率会答应,不发的话,那可是百分之百地没下文,你的咨询费和车票钱就相当于白扔了。"我继续帮她分析利害。

"我宁可把这些钱白扔了,也不会再损失我的尊严!我要让他知道,我可以得不到他,但是我的尊严不能受到伤害!"欧阳静说着站起来,像演讲家一样挥舞着双臂。

"如果你真的这么决定了,那也恭喜你,你保住了你的尊严,他失去了一个爱他的人,你赢了。"

欧阳静帅不过三秒,马上又坐下,头恨不得低到双腿中间。

"不行不行,我放不下他,还请老师帮帮我。"她说着,用一种近乎哀求的状态,把手机捧到我面前。

"难道你要……?"

"请您给他打个电话,告诉他我到底有多爱他,请他主动再约我出来一次。"欧阳静竟然使用了"替身攻击"的技能。

"是你要和他搞对象,不是我,他也不可能成为我男友啊。"

"您就当他是您的男朋友,就这一次,行不行嘛?"欧阳静嘟起小嘴开始撒娇。

"既然你这么会撒娇,直接对他撒,或许更有效。"我哭笑不得。

"哎呀,那可不行,这样我会尴尬死的!"欧阳静也一样哭笑不得。

"你现在就这样,将来你们俩可是要一起结婚生孩子的,你有没有想过,难道一直都要这么别扭吗?"

欧阳静递手机的手突然停在了半空中。

"而且,即便你真的让我替你联系,你依然无法和他建立起良好的关系。因为人与人之间交往最重要的前提是真诚,你让别人替你传话,显然是不真诚的。"我继续介绍这件事的不可行性。

"其实我非常希望能够和他联系,可是我一想到我们俩对话的样子,我就感觉非常尴尬……"欧阳静越说越没有底气。

"所以,现在你最需要的是打消这种尴尬感,让自己有底气,而不是想办法控制他。现在你连自己都控制不了,想要控制他也是不够有说服力的,对吧?"我乘胜追击。

"道理我都懂,可是我的尴尬感,有点顽固……这似乎是中国女性特有的一种含蓄吧,我也一直以这种状态为美。"欧阳静继续为她的表现寻找合理性。

尴尬是一种非常复杂的情绪,想要清晰界定它并不容易。我们已知的是,尴尬是一种社会性的情感,有一定的触发场景,也涉及人与人之间复杂的互动。尴尬在很大程度上取决于个人的动机,即我们把什么事情看作是丢脸的。从这个角度说,不论是中国人还是外国人,都有属于自己的脸面,只是对于脸面的定义不尽相同。

成年人的尴尬往往被认为是无意义的,其实它也有一定的功能。人类是群体性的动物,为了在社会中正常生活,

Case 9：非理性尴尬——不能联系的"终身挚爱"

那么必须要符合某些规则。当破坏某些规则时，尴尬感就会给当事人提醒，告诉他以后要避免这类行为。从这个角度讲，尴尬是一种"亲社会"行为。但任何机制都有滥用的可能性，如果夸大对方的看法和评价，尴尬感也会积攒到非理性的程度，这样就会出现类似社交焦虑的问题。在我们的案例中，欧阳静采取的方法是尽量避免这种尴尬感，于是她简单粗暴地切断了二人的直接联系。这种现象在人际交往中也非常常见，虽然这是一个小问题，但是造成的误会并不小。

可喜的是，欧阳静本来有执法苛刻的暴君潜质，而尴尬感让她最多只能在心里想象一下她的暴君行为。因为有研究表明，容易尴尬的人更有可能对他人表现出亲社会行为，她会更在意别人的观点，尽量让自己表现良好，更符合她心中的规则。从进化心理学的角度说，在人类早期，尴尬感也强化了原始的社交规则。尴尬的原始功能本来是为了消除紧张局面，在无礼的表现下表示出谦逊感和自我谴责，帮助个体在有竞争和互助的场景中生存，增强群体中的亲密感，但是欧阳静则完全是一个人的尴尬，这便是完全的自我攻击了。如果她一旦和他人接触，这种尴尬也会像很多种情绪一样传染给其他人，毕竟尴尬的表情是非常容易被人发现的——尴尬感包含害羞、自卑等因素，外在表现是脸红、避开他人视线等。

听了我的分析,欧阳静回顾了一下她的个人历史,她确实有好几次都对有好感的男性感到尴尬。至于那些不太有好感的,她会直接选择切断联系,这也就不涉及尴尬感的出场了。

"既然大家都会尴尬,为什么我的尴尬感会这么严重呢?"她有些不解,显然她之前一直认为别人都和她一样容易尴尬。

"尴尬本来是一种短暂的情绪,可是你现在长期尴尬,就有可能是你主观层面掩饰内心的结果。"

"我有什么可掩饰的呢?我都表白了!"欧阳静明显不服,"难道我还要对他说很多次?"

"你和他并不熟悉,只见过三次,但是却把他当成终身挚爱,而对方并没有对你一见钟情,所以站在对方的角度,你的爱来得可能有些太随便了。"

"我知道,这样会显得我的爱不值钱,所以我以后不会再主动联系他。"

我向她说出我的推测:"今后怎么做,我们以后再说,目前的问题是:你能够对他一见钟情,说明在此事件中,你非常注重外在,这当然没什么不对的,只是你自己可能会不愿意直面自己的需求。"

Case 9：非理性尴尬——不能联系的"终身挚爱"

欧阳静大概沉默了半分钟，才继续缓缓地说："他确实很帅，但是如果我仅仅是因为他帅就喜欢得不得了，那么我也不够高级。"

"不够高级并不可怕，可怕的是，你不允许自己有这种不够高级的情况出现。归根到底，还是不能面对自己。也就是说，你掩盖了自己本能的欲望。"

"才不是，我对他是单纯的爱，真的没有什么……"欧阳静小脸涨得通红，又把头低了下去。

"如果是真爱的话，为什么你会在他面前不自然呢？真爱有什么可丢人的？难道真爱不是最伟大的东西吗？"我用她自己的理论借力打力。

正因为欧阳静把她心中的某些需求定义为邪恶的，但是这些需求又一直持续出现，所以她才会持续尴尬。而这个需求，应该就是对拥有优良外貌异性的生理冲动。

弗洛伊德说过，一切的心理问题都是性压抑，虽然有些绝对化，但是在这个案例当中，此言非虚。

掩盖自己的某些"罪恶心理"确实可以让自己看上去体面一些，但是当事人往往忘记了一件事。

"人家也不傻，你也没拿过奥斯卡。"我对她说，"你的演技还没有达到能完全遮掩你内心的程度，对方只要不是很傻，当然是会看出来的。而你的这种遮掩是一种心理防御，是紧张感和戒备心的表现，这样对方也会觉得氛围并不舒服。即便我告诉你怎么做，你也演不好我提供的剧本。"

欧阳静盯着我看了几秒钟，深深吐出一口气，似乎在对我说，也似乎是在对自己："我好不容易心动一次，你却让我输得这么彻底。"

"不过还有个好消息，尴尬并不等于怯懦，你愿意为了达到自己的目标，千里迢迢来找我，已经很勇敢了。"

"对啊，要不是他，我是没有勇气一个人来北京的。"

"来到这里之后，你暂时远离了家乡，就可以名正言顺地避免和他接触，同时也避免参与其他相亲了。这就是你刚才没说出来的第三个理由吧？"

"是的，老师，请您收我为徒，让我更了解人类的心理吧！"欧阳静的语气非常诚恳。

"比起这件事，还是重新回到你目前的问题比较好。"我再次强调聚焦回当事人本身，"在你目前的认知当中，还有根深蒂固的逻辑漏洞。"

"什么漏洞？"

"在你的逻辑中，女性表达自己的爱意是可耻的行为，可耻之后还没有达到效果，就是双倍的可耻。这些文化经验非常适合包办婚姻的年代，因为这样你可以完全服从父母的安排，不必有自己的想法。而现在显然父母无法替你包办，有些事情需要你亲自去做。如果你依旧坚持固有观念，那就会难以和当下事件相融，使你陷入左右为难的尴尬中。如果你站在一个更高的角度，就会发现，用一个时代的道德去衡量另一个时代的人，是不公平的。"

"如果我真的只是喜欢他的外表，我会觉得自己非常低俗，不纯洁，所以我会责怪自己，也不想让人知道自己有这些邪恶的念头。"

"同时，你认为这些会损毁你的形象，这也是无法接受的。所以你选择让我来替你联系他。"我接着她的话说，"但是每个人都要为自己负责。"

存在主义心理学告诉我们，如果一个人可以为自己的行为负责，他就可以减少很多心理冲突。而尴尬则是无法坦然为自己的行为负责的状态，也是一种非真诚的处事方式。

"唉，我太在意别人的看法，我的面子比命还重要。我身边的很多女孩子也都这样啊。"欧阳静有些无奈，但依旧习惯性地把原因归责于环境。

根据跨文化的心理研究，面子，或者可以称之为一种"荣耀感"，各国的人民都会拥有，并没有显著差异，因为如果一个国家的国民没有这种荣耀感，那么他们便不能在国别上站好队伍,这个国家也就会处于非常松散的状态。因此,不论是美式、中式、日式、德式的荣耀感,在某些大场合下都是英雄主义的表现,只不过在中国,家族与集体文化更受到强调,因此个人的荣耀感不仅仅代表个人,也代表家族和所在集体的荣耀。

有些人说中国人的面子很多时候比生命重要,孔门十哲中的子路就是因在战场上扶正帽子而被杀的,这个桥段后来也用在了电影《水浒传之英雄本色》中,似乎面子是个害人的东西。面子既然存在,当然有它的功能性,因为它可以给当事人创造价值,但如果滥用在某些地方就会适得其反。

在心理学上有一个著名的互惠效应:康奈尔大学的心理学教授丹尼斯·里根做过一个测试——当进行某个不相干实验时,实验人员帮忙给一组被试者买饮料,之后再请被试者买一张代销的彩票,而对照组则没有得到饮料,最终接受过饮料的被试者们大多数能够买实验人员的彩票,而对照组则想办法推托。由此可知,人们在接受恩惠的时候会更愿意回报对方,这便是"互惠效应",是任何良好关系建立的基础。而本案例中,欧阳静的面子太重要了,她的面子就像钞票一样牢牢攥在手里,不肯给别人花钱,别人也自然不愿意给她花钱。两人就这样处于僵持之中,但对方并不是她的邻居或家人，没必要沉浸在这种不舒服的对峙中，因此便会"三十六计，走为上计"，尽量躲着她。

听了我的分析，欧阳静有些疑惑："其实我还是挺执拗的人，是出了名的不听劝，我并不在乎别人怎么评价我，但是我自己会评价我自己。我就是会认为，主动联系他是很丢面子的事。之前有个学过心理学的同学说，爱面子是为了讨好别人的评价而忽视自己内心的感受，可是我觉得我不是这种情况，我就是太重视自己的感受了，所以不肯委屈自己！"

我马上发现了她话语中的逻辑漏洞，于是问道："也就是说，让你难受的事情，你打死都不会做，对吧？"

"对！"欧阳静的回答斩钉截铁。

"可是这段关系目前明显让你难受了，你为什么还会继续呢？"我开始对她进行面质。

"这个……哎呀，你不懂啦！"欧阳静一阵脸红。

"所以请你告诉我呀。"我顺着她话语中的信息说。

"他是我喜欢的类型，所以他即便现在不理我，我会生气，但是依然会喜欢他，因为他将来是一定会和我在一起的！"欧阳静毫不含糊地说。

"为什么这么确定呢？"

"因为……因为我们门当户对，而且我有你这样优秀的咨询师帮忙啊，很多人都说，你是像孔明先生一样厉害的心理军师。"欧阳静再次给我戴高帽子，想让我继续实现她的高端目标。

"可是孔明也说过一句话：主公有多大胆略，亮便有多少谋略。现在最要紧的是，你给自己设置了过多的限制，所以我们这场仗很难打赢。"看到她似乎在思考，我接着推进，"目前你还没有说服自己，是否可以真诚地去爱他，如果是真诚的话，就不需要计较得失；如果不是真诚的，则是出于其他目的，我们只需要达到目的，而不需要和这个人有交情。"

"您说的我都懂，您说的也都是对的，可是我就是这么难伺候……我听说以前您接过很多像我这样的案例，求您帮帮我，我什么条件都可以答应您。"欧阳静说着绕过桌子拉住我的手，脑袋伏在我的膝盖上，"只要您帮我和他在一起，我什么都可以为您做。"

看到她贴得这么紧，我突然问："如果我拒绝了你，你会觉得没面子吗？"

"你不会拒绝我的，我都听到你的心跳了。"欧阳静一副稳操胜券的样子。

"如果我是个不讲规则的咨询师，或许我不会拒绝你，但这次我不能答应你。"

Case 9：非理性尴尬——不能联系的"终身挚爱"

"为什么?!"

"因为你才是这个事件的当事人,即便我同意帮助你,你的目标对象不同意,这件事也无法进行下去。"

"可是,怎么样才能让他同意呢？您一定有办法。我听过您的故事,您连监狱里的犯罪分子都能说服。"欧阳静在我的膝盖上抬起头,眨着眼睛看着我。

"你先起来我就告诉你。"等她回到自己的座位上后,我才接着说,"《亮剑》中有一句话：谈判是需要本钱的。我在谈判之前会根据自己的本钱选择谈判对象,所以我基本上每次都能够成功。"

"那不成功的时候呢？"欧阳静还是不甘心。

"我会把它降格成一个非谈判事件,既然没有谈判,那就是随便聊聊,也就无所谓成不成了。"

"您之所以战无不胜,是因为您只打自己能打得过的对手？"欧阳静一副失望的表情。

我接下来给她举了一个例子："一个人当然不可能说服每一个人,就像你不可能买得起所有的东西一样。如果你只买你能买得起的东西,那么你会有很大收获,可是你现在……"

"我现在就是想买一件我买不起的东西啊！"欧阳静突然像海绵宝宝一样瞪圆了眼。

"对于这种情况,也有两个思路:第一,各种打感情牌,慢慢劝说对方,让对方降低价格,当然这需要持续的耐心和必需的运气;第二就是去努力挣钱,挣到了之后,再来买。而你的方式是勉强别人送给你,这显然又不太符合常见的人际规律,只能让别人觉得你不太值得交往。"

"所以,我看似保住了自己的面子,实际上连脸都不要了?"欧阳静开始自我怀疑。

"可以这么理解,因为你提的要求别人必须答应,如果不答应就会被视为不给面子,这样对方就会特别累,关键是还感觉不到互惠。"看她认真听我说话的表情,我又接着说,"如果你真的想要面子,也就是想得到别人的尊重,那么首先要做个值得被尊重的人。就比如每个人都有拒绝他人要求的权利,这并不意味着敌对或者故意要给你造成尴尬。你也有拒绝别人的权利呀。"

"可能我一直都是个幸运的人,我希望自己的幸运能够保持下去。所以他拒绝我的时候我会特别尴尬,甚至都不想再和他说话了。我会觉得,只有他主动联系我,我才能在这场对决中胜出。"

"你把这段经历看作对决,可是人家显然已经离开擂台,自己找愉快的事情去做了。你觉得这种对决是一件愉快的事情吗?"

"当然不,如果他能够完全听我的就好了……我甚至想,如果有一天,他瘫痪了,我就可以每天照顾他,而他却没办法拒绝我。"

"那你真的会喜欢一个瘫痪的人吗?当他变得不高、不帅、笑容不迷人,也没有运动细胞,你真的能坚持下去吗?他现在拒绝你,你无法接受;当他无法正常吃饭睡觉且打扰到你的时候,你可以接受吗?"

"我不确定,您也知道,很多事情我就是说说,我根本不敢真的进入这种故事里。"

"你的心理有一部分暴君的思维,幸好你没有行动力。所以从这个角度说,你的退缩帮助了你。"

"可是这种帮助并不舒服。"

"既然你要逼迫自己买一件买不起的东西,那说明你还是很积极的。你渴望成功,同时厌恶失败。"听我这么说,欧阳静不住点头。紧接着她又问了一个问题:"可是,很多人都说女孩子不要主动,您觉得我真的需要主动吗?"

"主动不主动,这是一种状态,放到一个句子里是定语,而我还不知道你句子里的宾语是什么,因此无法判定结果。通俗点说,主动不主动不重要,到底你能提供给对方什么,那才重要。如果一个人主动往我这里扔垃圾,我会越来越鄙视他;如果一个人主动给我好处,那就是活菩萨。"我提醒她,看问题一定要全面一些,至少把代表此事件的核心语句总结完整。

"那么接下来,我们思考几个问题,你的面子,也就是荣耀感此时是否过量了?如果过量,就要重新评估你在这件事中到底需要投入多少荣耀感。可以肯定的是,你投入的荣耀感越多,这件事就越严肃,我想大部分男人不会愿意谈严肃的恋爱。"

自我的荣耀感其实不难追求,我们常常把它和自尊相关联。美国心理学家威廉·詹姆斯曾经提出关于自尊的公式:自尊等于实际成就除以个人期望。也就是说,实际成就越小,自尊越低,个人期望越高,自尊越低。想要提高自尊,就要多做事,少立过高的目标。而欧阳静恰恰是少做事的同时又立下过高的目标,于是她只能陷入自己的执念中,无路可逃。

"那么下面又回到最开始的问题了,我要怎么开始第一步?我现在这么尴尬,一时半会儿是去不掉的。"

"不着急,先尝试一下,好好理解你的尴尬,以及它背后的面子,或者叫作荣耀感的东西。"

接着我向她阐述,这些背后都与社交焦虑相关,在焦虑的时候,我们首先要用替代的方式满足自己的缺失感,而不是第一步就达到最高目标。

欧阳静渴望得到目标男士的认可，但是二人并不熟悉，因此目标男士对她的评价也是不真实的，而是建立在直觉和感性上。我鼓励她说："既然他并不了解真实的你，而且已经产生了不好的评价，那么也只有你本人才能给他新的印象。如果让他人替你传话，你是无法在他心中形成新印象的。"

"我总是在想，或许有一天，他突然意识到我的好，会回头来找我……"欧阳静的眼神充满了憧憬。

我看她又要跳脱到其他问题，连忙聚焦："没见过的东西，不要随意推测它存在。"随即又接着回到刚才的问题问道，"如果你有什么比较能让他眼前一亮的特质，那么他会对你形成新印象的，这叫近因效应。比如，如果你把你所在的县城好好探索一下，一定能发现很多有趣的地方，将有趣的事情告诉他，就有助于形成新印象。我想这对你来说是比较容易的，毕竟南京也是古都。"

"你怎么知道我是南京的？"

"你之前说我们的城市只差一个字，距离一千多公里，我能记下大致的中国地图，符合的城市有长春、大连、南京、合肥、西安、兰州、银川，所以你是南京的。南京市最后两个县前几年才刚刚撤销变成区，所以你还是会习惯性地说自己来自一个小县城。"

"你这个技能,厉害啊!"欧阳静听得兴致勃勃。

"当然了,如果你能够有类似的技能,想必也会吸引到他。"其实我不会告诉她,电话预约时我就看到了她的号码归属地。

"可是,按照你的逻辑,即便我有令人亮瞎眼的技能,依旧不一定能让他做我男朋友。"欧阳静还是有些担忧。

"站在集体主义的角度思考,你会更理解他——他需要的是你有能给他造成增益的优点,而不是单纯的有优点。能产生互惠关系的人才会有联系。"看到欧阳静还有些担心,我又给她做了一个风险提示,"一旦事情涉及他人,那便会有很多不确定因素,当然,现在我们还没开始做事,你不必先自己打死自己。我们做很多事情都像是在赌,如果你觉得他足够宝贵,就赌一把试试。当然,在前期你一定会失败很多次。如果你第一次尝试就能赢,那真是运气好。"

很多人在尴尬的时候,会像欧阳静这样,在做事之前就尝试自己"打死"自己,这样失败的原因就不是"自己无能",而是自己"不想活了"。"但是无能和没有求生欲,这两样东西又有多大的区别呢?既然走向了同样的结果,那或许这两个原因只是同一件事的不同说法而已。反之,如果你愿意行动,即便你失败了,你至少也是个悲情英雄,你对得起自己的能力,也没有在内卷中虚度。下一次你一定会比现在更有经验。"

欧阳静听罢我的剖析,用力点了点头:"我以为我这样可以避免自己更尴尬,但是仔细想想,如果直接放弃,将来让别人得手,我会更不是滋味。"

站在心理师的角度,自然期盼大家都可以有光明的未来。现在即便做错了,只要人还在,将来是可以亡羊补牢的,可现在如果什么都没做,将来再怎么示爱,大概率也于事无补。至于其中拦路的那些负性情绪,想要跨越的话,就要有死磕的精神和恰当的方法。

下次如果你也遇到了阻碍自己行动的尴尬——解决它最好的方式,并不是逃避,而是理解。

Case 10：

赘述症——我真是太容易对人感兴趣了

Case 10：赘述症——我真是太容易对人感兴趣了

今天来到咨询中心门口,就看到一辆巨大的越野车,大到我从未亲眼见过——如果变成变形金刚,绝对是比大部分汽车人都高的那种。

车的主人此时早就在接待室内等着我了。这是一个出奇瘦削的女子,让我想到了鲁迅笔下的圆规邻居。她的代号叫"小孟",30岁出头,家境不错,自己也有足以让同龄人仰望的事业。至于她的问题,由于预约信息填了几万字,涵盖了她的学业、工作、人际交往等情况,所以我还没有从中看出有效信息。

看她的脸色,虽然她强摆出微笑,但是我知道她现在的状态:肉体疲惫,精神紧张。

简单自我介绍之后,小孟就开始了自己的陈述:"前几天的下午,我遇到了一个男性,那是在一个公园,当时我俩走到了同一个竹林小道,就是两旁是竹子,下面是鹅卵石那种。当时我向东边走,他向西边走,我俩迎面撞见。他穿着一个蓝色的衣服,袖子上有白条纹,看面料像是化纤的，我不太清楚那叫作冰丝还是什么的，然后他穿着一条浅绿色的运动裤，那种浅绿色就是类似于柠檬没熟时候的颜色，我不知道是什么牌子的。脚上有一双白色运动鞋，鞋子的每一边还有三条红色的斜杠，你大概知道是什么样子的吧？"

我点了点头，示意她继续说下去。

"当时我戴着一顶女士遮阳帽，就是女孩子们经常戴的那种，有比较宽的边。帽子是粉色的，上面还有白色的带子，外层是草编的，里头衬着布料。我还戴了一个墨镜，就是那种镜片有些黑，但是又不太黑的墨镜，边框是黄色塑料的，但是上边的螺丝钉是金色的。其实这一副墨镜不是我最喜欢的，我更喜欢另一副，边框是蓝绿色的，镜片的颜色也比这一副更深一些，可是我那天没带来。本来早上的时候，我还在思考，到底要戴哪一副墨镜，或者也可以不戴墨镜，毕竟天气还没那么热。可是既然想去公园，难免会走到比较晒的地方，为了以防万一，还是带一副在身上吧。毕竟保护眼睛很重要，对吧？我在电视上看过，有些地方的人，会用剃刀刮眼皮的内侧，说是这样能够洗眼睛，我可不敢，毕竟眼睛好重要的。万一被人家弄坏了，我到时候变成一个烂眼边，肯定不好看。我们邻居就有个老奶奶得了眼病，烂眼边，看上去挺难受的。不过这老太太非常乐观，一直活了80多岁。这老太太从18岁的时候就守寡，自己带着4个孩子，我之前还不明白，18岁怎么就能有4个孩子呢，后来才知道，那个年代的人结婚都很早，她15岁就有第一个孩子了，30岁出头就当了奶奶，你看都是30岁出头，我还没对象呢。也有好多人给我介绍，可是我觉得都不太满意，就比如上周就有一个，我觉得这个男的腿有些短，就不考虑了。其实这个男的个子也不矮，有一米八左右，就是长得上长下短，看上去挺别扭的，这种人你见过吗？"

我看她终于给了我说话的机会，于是告诉她："我恐怕不得不打断你一下，你和我介绍了很多东西，也很详细，可是我还没有听你说到，你的诉求是什么呢？"

小孟似乎根本就没理会我的问题，接着说："我上学的时候，我们学校一个老师就是这样，其他同学都没注意，但是我就注意到了，一般人都是腿比躯干长，你说这人怎么会躯干长腿短呢？这是不是遗传的呢？"

"这个问题，或许需要进行基因层面的深入研究……"

没等我说完，小孟就又抢过了话头："这个老师不光这点有些奇怪，他还有很多奇怪的地方。比如说吧，一般长得比较胖的人，浑身都胖，可是这个老师却是大胖子的身子配上两条小细腿，你说这人是怎么长的？还有那个脸啊，长得非常瘦，颧骨、下巴、鼻子、门牙都是凸出来的，眼窝和嘴都是陷进去的，你说可乐不可乐。"

"这种长相确实是很奇怪，那么他的外形对你造成什么……"

"他这个已经够奇怪了，我还见过更奇怪的，后来我上高中，有个同学外号叫'北京猿人'。北京猿人你知道吧，就是周口店发现的那个，我们上学的时候组织去过周口店遗址参观。当时看到那个猿人的头骨，我激动坏了，结果几年之后才知道，那就是个复制品，当时我也不知道，瞎高兴一场。听说真正的头骨化石被藏在一个密室里，不对外展出。我也不知道是不是真有这么一个化石，还是就像以前那几个一样，神秘失踪了呢？咱们国家之前发现过的猿人头骨化石，二战的时候就神秘失踪了，到现在都找不到，你说如果哪一天，被我找到了，国家是不是得好好奖励我一下，给我分配个别墅啥的，再给我介绍个好对象，这要求不过分吧？"

接下来我再次想问小孟的求助问题是什么，可是小孟依旧我行我素，按照她的节奏，把海量的信息推向我的耳朵。很快，一小时结束了。

"我想我们现在必须结束咨询了。"我提醒她。

"可是我还没说到关键，你就不能再给我加时间吗？"

小孟很不服气。

"真的不行了,我要去吃午饭了。"我尽量保持礼貌。

"哼,你这什么问题都没给我解决呢,我真是选错人了!我要换咨询师!我要向咨询师协会投诉你!"小孟拍着桌子说。

"我觉得,还是先解决你的问题比较好。时间有限,那个男生可不会一直等着你。"

"你怎么知道我要问这些?你凭什么这么说?"她气势汹汹的样子突然僵住了。

"今天就到这里了,欲知后事如何,且听下回分解。"说着我就请小助理送客。

送她离开后,小助理阿霞显然有些担忧:"老师,您这样不怕她真的投诉吗?"

"她是个对万物都有好奇心的人,她是不可能投诉我的,如果投诉了,她就永远得不到答案了,即便我猜错了,她也需要知道我的理由是什么。"我云淡风轻地解释,"而且好奇是一种需要继续仔细观察的心理状态,通常持续而稳定;而生气则需要抛弃仔细观察的功能,通常短促而不稳定,所以虽然没满足好奇会引发生气,但是好奇和生气是很难共存的。如果说她真的能持续生气,只能说明她的心理能量比绿巨人浩克还高。"

"可是恐惧也是不稳定的情绪啊……"

"你想问为什么恐惧能和好奇共存吧？恐惧虽然也非常剧烈，但是恐惧并不如生气那样，需要消耗那么高的能量——毕竟生气是战斗的前奏，而恐惧更多的是对应逃跑和防御，这也让恐惧有可能稳定存在于心境中。另外，心中有恐惧的当事人，在恐惧不够剧烈的时候，可以为了找到可突破的关键点，而保持好奇心，这也是很有必要的功能。人类的所有情绪都有自己的功能，就看人类能不能合理运用了。"

阿霞点了点头，又对我说："老师，我还了解到一件事，听别的心理工作室的小助理说，她已经进入了很多咨询师的黑名单，现在北京大部分的咨询师是不愿意接她的，提到她就头疼。"

"刚才听了那么多，我感觉我的大脑也过热了！如果我是机器人，没准CPU都烧坏了。"我说着躺在椅子里。安静了一分钟之后，我给小孟做了个鉴别性的诊断。

小孟的情形，是典型的赘述症，又称为"病理性赘述"。病理性赘述是一种常见的思维过程障碍类疾病，也是语言障碍的一种表现。当事人会在叙述时加入许多不重要的细节，也会联想出各种分支情节，而无法进行简明扼要的讲解。他们很多时候不是故意要说得这么多，而是抽象思维能力差，无法对事物进行有效概括。癫痫、老年痴呆和某些心理问题都能引起病理性赘述。有些强迫症患者也会出现类似的情况，但强迫症患者多数表现为联想过度，而且对自己的赘述行为感到痛苦。而且说话过多的强迫症患者，也和其他动作多的强迫症一样，往往表现是机械重复相同的内容。小孟显然不是这种状况。

病理性赘述和另一种话多的"思维奔逸"也有本质区别。思维奔逸又称观念飘忽，它指的是联想速度加快、数量增多、内容丰富生动，很多时候当事人会感到自己的思维跟不上说话的速度，常见于躁狂症患者。但思维奔逸者说出来的话，通常只是语汇的堆砌，很难构成符合语法的完整的句子。今天小孟的案例中，虽然她话多，但是描述的语句都是完整的。

目前已知的信息看来，小孟并不是精神分裂症或强迫症，这点是可喜的。如果真是上述两种疾病，就真的超出我目前的能力范围了。

果然，一天后小孟再次预约了我的咨询。

"上次你猜到了我的问题，但是我还不知道到底是怎么猜到的。如果你上次就告诉我的话，我不至于猜这么长时间。我回家翻了好几本《福尔摩斯》，我想你是用一些细节观察法来推理的，我也是个非常关注细节的人。今天你的袖口就有些皱，肯定是穿衣服的时候没注意，你以后一定要出门前多照照镜子，要不然你是不会有女孩子喜欢的。你知道吗？女孩子对细节看得很重的，之前有个和我相亲的男人，吃饭特别快，就像八百年没吃过饭一样，还把米饭掉在衣服上了，这种我肯定就否决了。还有个男的，在餐厅叫服务员的时候声音很大，显得特别没礼貌，也果断拜拜。还有个男的，看到喜欢的菜就一直吃那个盘子里的，弄得我都没吃到，你说这样的人怎么能够相亲成功呢？不过后来他竟然结婚了，我也不知道那个女孩子到底是怎么想的，你帮我分析分析？"小孟又一口气说了许多，相信如果没有上次悬而未决的问题勾着她，她又会联想到天涯海角。

"人家是怎么结婚的，目前信息太少，无法分析，我只能推测出，那个女人一定可以接受他这个人。不过这件事和我们的主题无关了，我的建议是，我们每次咨询都集中精力解决一个问题。"我终于说了一条有用的建议。

听我这么说，她一下子变得有些咄咄逼人："好，第一个问题，上次我说的事情，你都记住了吗？你能再重复一遍吗？"

"如果你希望这一个小时在回顾中度过，我可以再说一遍，不过我语速没有你快，不保证我能一小时说完。"说罢我喝了口水,做出要说的样子。

"等等,你还是先告诉我,你是怎么猜到的?"她终于先收了收自己的好奇心。

"很简单,你的家庭、事业都不错,大概率是人际关系问题。三十多岁单身未婚,又从一个男性的故事开始聊,我想大概率和他有关。而你来找我,说明你俩的接触出现了卡点。"

"确实,那个男生就是别人给我介绍的相亲对象,他长相不错,工作不错,而且听说他人品也很好,正好符合我的要求,我就喜欢对父母、对同事,甚至对陌生人都很好的那种人。不过我之前咨询过几个咨询师,他们都说我俩绝对没有可能,你觉得呢?"

"幸好我擅长做阅读理解,所以才能从你的大量信息中找出可能有效的信息。如果是其他咨询师,很有可能会因为你让他们想起了被四六级支配的恐惧,希望你不要再来,才这么说的。"

"嗨呀,四六级有什么恐惧的,我当时一次就过了。对了,你当年四六级怎么样啊,是不是也一次就过了?"她突然有些兴致勃勃。

"如果你希望我们这次再少谈论一些那个男生,我们可以继续谈四六级的事情。我可以告诉你我每个单词都是怎么记的。但是我们的主题是什么,你要自己决定。"

如果我们两人是在用语言过招,我和她就像是同一个擂台上两个完全不同的武者:我是一个普通的综合格斗运动员,而她是一个会开闪现的忍者。每次准备接招时,她都会突然出现在另一个地方,你很难跟上她的谈话主题。这种情况在现实中并不少见,可以说,我们心理师的咨询费,有一大半是来自帮助来访者进行思维聚焦的体力活儿。而小孟这种情况,大约相当于十个不聚焦的普通来访者。

"我想还是先说说那个男士的事情吧,我真的很急。"

"如果你真的很急,就不会花那么长时间给我介绍那么多细节。"我指出她的逻辑矛盾。

小孟显然有些不服气:"你没听说过,细节决定成败吗?"

"我当然听说过,可是这句话强调的是要关注关键细节,而不是面面俱到。"小孟仿佛被我的话噎住了,我趁机接着说,"你是一个关注所有细节的人,所以那位先生一定在各个细节上都符合你的要求,这样的人一定是高质量男性。但问题是,这样的抢手货可不会一直等着你,在你尝试着描述所有细节时,你的竞争对手或许早就走到他面前了。"

小孟皱着眉头想了大约十秒钟,突然眉开眼笑,露出茅塞顿开的表情:"老师,您是不是忘了,还有一句话,叫磨刀不误砍柴工。所以我这些细节也是必要的呀。"

"磨刀是一个有目标的行为,磨刀人知道自己要把刀刃变薄。可是你却没有用力方向,完全是雨露均沾。"

小孟叹了口气,单边眉毛高高扬起,脸上出现扭曲的表情,大约半分钟后才恢复平静:"老师,我如果对一个人有兴趣,在交往之前,就会非常想全面了解他,这样才能进行高效率的交往,这有错吗?"

"这是你自己的选择,可是对你来说,有真正需要的关注点吗?"

"真正需要关注的点?我不明白,每个点都是一个关键点,小事见人品啊。"小孟一副义正辞严的样子。

"那么,你有没有做过让你的人品看上去不太好的事情呢?"

"没有,我对自己要求很严,上班从来不迟到,不摸鱼,见到长辈都问好,过马路也不闯红灯……"小孟接下来又花了五分钟时间,来举例说明她人品绝对没有问题。

等她停下来喘口气时,我马上开口:"尽管你真的这么好,但是你身边并没有持续追求你的人呢。"

"那是因为那些男人的人品都不够好啦!"

"那些男人,包括那位先生吗?"

小孟皱了一下眉,说:"问题就是,那位先生和我聊过几次之后就不愿意找我了,我想他与我有些误会。我不知道到底问题出在哪里……"

"鲁迅先生在《门外文谈》中有一句话:时间就是生命。无端地空耗别人的时间,其实是无异于谋财害命的。"我看着她的眼睛说,"并不是每个人都像你这样,拥有如此出色的脑力。他们对话时要从你的海量细节中找到可以聊的话题,这样很累。"

"我希望和人深交,我对他的每个细节都感兴趣,这样难道不好吗?老师,你也肯定希望有个交心的朋友吧?"小孟继续着急。

"当然,每个人都希望能够有交心的朋友,只不过不同的人有不同的心理节奏,如果双方节奏不同步,那是很痛苦的事情。"

"心理节奏?"

"心理节奏是指你在进行心理互动的速度和进度。就像吃饭一样,有的人喜欢慢慢品,有的人喜欢赶快吃,如果这两个人一起吃饭,就会因为速度不同出现不太和谐的状况。还有些人吃六分饱就很满意,有些人就要吃到撑得慌,这就是进度上的不同。"

"现在确实节奏不同了呀,那怎么办?"小孟有些沮丧。

"如果你俩各方面都相差很大，无法相融，其实也没必要非凑在一起……"

小孟马上打断我："那可不行，他符合我所有的梦想，我上哪里再去找这么合适的呀？"

"如果你想继续和某人交往，那么你真的需要保持专注，或者称作——心理聚焦。"

一听到一个新概念，小孟马上来了兴趣，让我解释解释。

所谓聚焦，就是咨询师对来访者前来咨询的问题的澄清，将双方协商的咨询目标具体化。在心理咨询过程中，有的来访者因为思绪混乱，所谈的内容显得杂乱无章，此时，咨询师一定要选出一个咨询目标，并将目标具体化到可操作性的层面。现实中，大部分的来访者是无法聚焦的，如果他们会聚焦的话，庞大的问题就会分解成一个个小目标，处理起来也就没那么难了，也就没必要来求助心理师。用比较形象的武术来对比，高度的聚焦就像是咏春拳中的寸劲，在短距离、短时间内打出爆发力，对手即便是铁布衫也可以打破。李小龙就深得寸劲精髓，一拳可以将一个高大的成年人打退几米。

聚焦也不是单纯地集中精神，而是有一定条件，第一，聚焦的焦点需要在来访者身上，而不是其他人。我经常挂在嘴边的一句话就是，几乎所有的心理问题的外因都是过度关注他人。第二，聚焦时焦点要集中在问题的某一方面，不能涵盖太广。每次聚焦我们都要有清楚的意图。通常我会选择最紧迫的方面或者是最根源的方面作为焦点。第三条法则是需要聚焦现在，而不是过去。很多来访者喜欢寻找问题的成因，甚至追求一个不存在的证据（比如老公把手机信息清空后，想知道他是否和其他女人聊天暧昧），但是我们为了来访者能有更好的未来，要让来访者多关注当下的情况。很多咨询师也容易在咨询时过多考虑自己，比如担心自己不能够给来访者提供有效帮助，自己替来访者的处境着急等，这也违背了"聚焦于来访者"的关键法则。总之一句话，聚焦是解决来访者所有问题的关键。

"可是聚焦就能解决问题吗？"小孟还是有些着急。

"你的问题就像一个强大的敌人，你用尽全身力气打他一拳，都不一定有效；如果你再把力量分散开，那就更无效了。无效的攻击只会白费你的力气，要打就尽量打到要害。"我继续给她举例子。

"那我怎么知道要打哪里？你替我决定吧，哎呀，烦死了！"小孟看似很追求效率，但实际上要表达的是，聚焦什么都不重要，我只想赶紧结束这些，然后按照我的想法来。

"我并不能做决定，而是你需要自己设定关于目标的限定条件,当有了限定条件之后,你就知道自己要什么了。"当得知小孟并不理解,我继续给她解释了硬性、软性、显性、隐性四大类条件。

硬性条件象征着当事人的底线,不可更改,不受其他条件的影响。不论其他条件再好,硬性条件未达标,就可以停止继续观察。

软性条件可以在一定程度上修改,如果其他方面有加分项,该条件也可以浮动。在不同时期,软性条件和硬性条件是有可能互相转化的。

显性条件是目标暂时不可更改但可观测到的条件,就择偶来说,包括身高、民族、学历、收入、家庭组成、婚姻史、爱好等。即可以写到资料卡中的部分。

而隐性条件则通常无法直接观测到,如涉及智商、情商、毅力、自控力等,非常容易造假,也无法在短期接触中识别。

在选择目标过程中,如果锁定硬性条件、关注显性条件,则可以找到目标中最值得肯定的部分。而小孟目前显然没有突出关注。根据她的描述,她需要对方孝顺父母、有事业心、待人友善、彬彬有礼,全都是涉及人品的内容。可是现实中不可能有人在自己的资料卡里填上"人品不好"。

"可是老师,你不关注这个人的人品吗?"她显然还是不服气。

"人品这种东西是个浮动的概念。我们很难定性,比如我告诉你某人打了人,你会认为他是好人吗?"

"当然不会,打人是不对的!"小孟有些激动,仿佛遇到了自己的仇人。

"如果我告诉你,他见义勇为,打了坏人,保护了好人,你还会坚持之前的评价吗?"

"这倒是不会,我还会很尊敬他。"小孟马上转变了态度。

"当我们不了解全部的故事时,如果妄下定论,会冤枉很多人。而且你对人的各种细节很感兴趣,如果你真是个细致的人,那么要问问当事人原因。"

"也就是说,我凭细节判断人,反而是个……粗人?"小孟张口结舌。

"其实这也不重要,重要的是你可以为自己的选择负责。你对自己冤枉其他人不后悔就行。"

"我肯定不后悔啊!"小孟骄傲地说。

"可是这种习惯的后果,就是让你周围的人都很容易远离你。因为他们只要做得有一点点不好,就会被你贴一个坏标签。"我顺着她的逻辑继续推演,这是苏格拉底的产婆术。

"你这么一说好像是这样，可是我对他们也很好，对他们要求严格，是希望大家都进步一些，这错了吗？"小孟的口气有些咄咄逼人。

"你的想法并没有错，能这样想，说明你是个正能量的人。"我先肯定了她，随即话锋一转，"可是对方选择上进还是摆烂，也是对方的自由。如果对方觉得自己原本的样子很好，他大概率也不愿意接纳你的指责，而且你的指责可能通常也没说清楚要怎么做才好。"

"所以，高尚的人……都是孤独的。"小孟很拧巴地说出这句话。

"每个人都有负能量需要发泄，就像每个住宅都需要有厕所。如果你的家里没有厕所，那么来你这里的客人就都会很难受。不过他们可以选择不来，最难受的还是你自己，因为你也需要厕所。"

小孟点了点头，不过又继续辩解道："其实我觉得这样还好啊，倒是没有很难受。"

"因为你的负能量已经在全面品评他人的时候发散出去了呀？"

"我那时候在发散负能量？"小孟大吃一惊。

"别人听到你的评价一定会不太高兴，这其实就是受到了攻击。"

"那怎么样才能避免呢?"

"方法很简单,首先还是要学会聚焦。"我继续向小孟介绍。

在处理问题时,聚焦还有四条原则:第一,不要归责,即不要找责任、论对错,而是专注于研究可能更有效的方法。很多来访者都爱问一个问题:"到底是我对还是他对?"这便是习惯于归责——因为即便得到了咨询师的赞同,事态并不会向好的方向发展,反而让双方更对立。

第二,相信他人自我解决问题的能力。如果别人没求助,不必由于"看不惯"而做对方的老师,这种"干预内政"的行为非常容易破坏聚焦,更容易损坏二人关系。

第三,多做有用的事。我在此提出过一个"足球队效应":双方踢足球,对方球员在球场某一侧严防死守,此时不要专注于攻击防守处,而要聚焦于对方防守空虚处,毕竟我们是要赢得整场球赛。现实中很多来访者会逼问对方一个不肯说出的事情,这便是攻击对方防守严密的部分,接下来只能进入消耗战。我的建议通常是:消耗战能不打就不打,尤其是在己方储备不足时。

第四,互相学习聚焦的方式,有时候自己聚焦的点有偏差,最终导致自己的努力无效,此时就要及时改变到新方法上。我在咨询中经常遇到一个问题：如何抓住对方的心。这种情况我称之为"抓头发打法"——打架时只顾抓对方头发，看似打得很凶，实际上抓的全是细枝末节，没打出有效伤害，因为头发是软的，即便舍弃一部分也无大碍。在很多时候，人心也是在不断变化中，尤其是很多不在乎感情的人，即便暂时抓住，对方想放下这部分人心，也非常容易。

而小孟之所以聚焦能力很差，除了完美主义之外，还有一个原因——习惯性的批判思维。通过贬低他人，就可以抬高自己的位置，按照她的逻辑，接下来对方就要来服服帖帖地吹捧自己了。可是大部分人并没有她想的这么单纯。很多人在受到攻击时会本能地对抗，这样就让小孟在面对外界问题时还要和自己身边的人内斗，汉末的袁绍就是这么搞垮自己团队的。

当然，上述的原因都是表面，赘述行为在潜意识中的"深层动力"，依旧是"压抑"。平时没有人肯听小孟说这些，她也没有其他途径可以释放自己的力比多，因此只能在咨询时这样做。因为通过不停地赘述，她发现了一种释放压力的方法——"只要说得够快，压抑感就追不上我"。在影视中我们经常看到反派死于话多，其实这是有心理学依据的：他们内心压力更大，平时也没有机会让人长篇大论地听自己发言,所以在自认为安全的时候,会靠滔滔不绝的说话来释放压力。

想要破解这一循环,心理学家戈德林在20世纪60年代就提出过相关的方法,他和罗杰斯学习后,发现心理治疗的核心在于有"进入高层次的体验",换句话说,就是"降维打击"。而达到高层次的方式就是聚焦。我们在聚焦时,可以不带批判地对自我专注观察,之后再对他人观察,这样就会减少许多互相伤害。然后再根据刚才所说的聚焦法则,多做有用的事情,不做没用的事情,这样复杂的问题就变成了送分题。

聚焦的同时,也是心理减压的过程,因为每个人都有好奇心,深入观察比广泛观察能发现更多惊喜之处。通过聚焦,观察者和被观察者保持轻度接触,这样便会缓缓进步。

"我是个脑细胞非常活跃的人,想让我学会聚焦,或许需要很长时间——举个例子吧,我活跃到什么程度,我三十多年每天睡觉都很困难。"小孟还是有些没信心,"我也试过,关注自己的呼吸、听助眠音乐之类的,也没啥效果。"

"你可能没有试过,关注画面。"

"什么画面?"

"我提出过一种'眼睑助眠法'。你闭上眼睛之后,由于眼睑血管的流动,其实是会看到一些画面的,如果你转动眼球,画面会更明显。"潜意识里各种杂七杂八的东西通常是通过画面表示的,当一个人关注画面时,他的脑子里就不太可能会形成其他干扰画面,这样就比较容易进入睡眠状态了。

几周之后,小孟再次出现在我的咨询室。此次她显然不太匆忙。

"我仔细观察了一段,也接触了一段。我发现我俩只是条件合适,但是没有共同爱好,也聊不到一起,其实不是一路人,如果我们非要在一起,或许也并不合适。"小孟的精力在前期耗费太多,现在出现后劲不足的情况也正常,我再次表示理解,并不做判断。但是小孟已经在关注用聚焦的方式进行自我观察,这是一个好消息。发散的思维是一个长期养成的习惯,想要改变习惯,常常需要用比养成习惯更长的时间才能成功。但是,聚焦已经是最快的成功方式了。像小孟那样关注所有细节,反而会原地转圈,毫无进展。

我们每个人都想成功,一蹴而就的成功当然是最完美的,可惜这种事情的概率很低。主角光环只存在于童话之中,作为现实中的一分子,我们能做的,就是先从小事开始。聚焦一个小问题，不过分担心全程，就是改变的开始。事件运行时总会有很多阻碍，如果我们过度关注，反而失去了体验事件的乐趣。

真正高效的问题解决者，从不寄希望于运气，而是专心打磨自己的实力。

Case 11：

纸性恋——把自己献给"神"的姑娘

"这次的来访者，我劝你不要接。"我的同行小周在电话那头对我说。

小周和我同龄，也是同乡，虽然是女性，但人称"公子周"，自己也欣然接受，久居广州。某年在沪上举办的某次心理学会议上，我俩是仅有的两个80后心理工作者，当时在会上被老前辈们称为"南周北朱"，从此保持了联系。这次她的一位朋友的朋友需要北京的咨询师，便牵了线。可是这次牵线她非常勉强。

"本来我不想给你添麻烦，可是我的朋友在我办公室墙上看到了咱俩的合影，非要让我帮忙介绍……你如果接下来，可能不是要面对一个人，而是要面对一些非人类的力量。"小周的声音听上去像是病了一样。

"有趣，这活儿我接了。大不了有阴影了，你再帮我找督导师。"我欣然答应。

"可能你现在没什么家务事，所以喜欢复杂的东西，等你结婚后就不这样想了。"小周用"祝你好运"的口气说，

"我想到某个小说中的一句话:三体问题——无解。"

但是我很快就知道,这个案例并非是普通的三角恋。

这个来访者26岁,是一个高学历的女孩子,在学校时就是学霸,也做着一份不错的工作。她给我的代号是"脆弱的姑娘",为了方便一些,我想称呼她为"脆脆",她在网络平台的头像是林黛玉的剧照,经过一番思考之后,她还是希望我称之为"代玉"。

代玉的问题看似和心理学毫无关系:想把自己完全献给"神",如何说服男朋友同意。根据她的介绍,她从小信教,崇拜该"宗教"的"神",并且发誓要把自己的一生奉献给"神"。而在她的价值观念里,"完璧之女"是最纯洁的,所以即便结婚,她也要把这种状态保持下去。男友并不相信"宗教",但是很照顾她。最开始的时候,男友答应了她的结婚条约,但是最近总说要反悔。她想要坚持自己侍奉"神"的理想,也不想放弃男友,所以现在她陷入了巨大的矛盾之中。但是根据一贯的经验,这个矛盾,仅仅是表层矛盾。

之前我多次提到,每个心理问题背后都有一个冲突,大多数来访者最开始是不知道自己的冲突是什么,而代玉的冲突则是很清晰,目前她的状态是脆弱、无助,但都想要。就像买东西一样,很多时候买不起就是买不起,并不是靠心理学就能让她实现一石二鸟的梦想。此刻我有些明白，为什么小周不愿意接这一单了。

代玉所追求的这种感觉，被心理学家称为"宗教感"，但是这和现实中的宗教相距甚远，我更喜欢称之为"神圣感"。如果代玉完全追求高度的"宗教感"，便足以使她放弃世俗生活中的大多数东西，那么她也不会形成目前的心理冲突。可她毕竟不是个隐居者，她目前怎么也飞不出这个花花的世界。于是她也像每个普通女孩那样追求美好的爱情。"宗教"信仰和爱情哪个重要呢？对于她来说显然是"宗教"信仰重要，信教就像是工作，而爱情就是忙里偷闲。没有闲暇的工作肯定很不舒服，但是人通常也不可能为了偷闲而放弃工作。工作给了肉体食粮，而"宗教"给了信徒不可或缺的精神食粮。

对于自己的"宗教"信仰，代玉并不愿意描述太多，她只是说："我希望有一天，我的男朋友可以理解我的心，这样他就会不再逼迫我了。"代玉希望男友理解她，可是照目前来看，她并不理解男友。

"你们有没有计划好，什么时候领结婚证？"我问。

"我们已经领证了，只不过还没有举办婚礼，大概十个月后我们再举办。"代玉平静地说。

这个回答倒是让我有些意外，所以我再次确认："所以他其实已经是你老公了对吗?"

"法律上说是的,可是我还是习惯称呼他为男朋友。"从代玉的称呼可以看出,她在自己的"神"面前,还没有做好要接受已婚有丈夫的事实。

"可是,如果按照你们的原计划,你们就不能有孩子了,这也没关系吗?"我描述了一个可能性让她思考。

代玉稍微沉默了一下,然后严肃地说:"我已经立下誓言,要把一生献给'神',所以我必须保持童女的贞洁。如果'神'愿意拣选我,他会像对待圣马瑞雅那样,让我怀上'圣子',而我的丈夫,也会成为圣优素福那样伟大的人。这比为了一己私欲产生后代要重要得多。"很显然,代玉相信的不是正规的宗教,只是原创性极高的邪教而已。但是此时的我并不能说破,如果让她产生了反感,她很可能切断和我的联系,我就无法继续给她心理干预,只能任由她被邪教侵蚀。

代玉的双眼充满了憧憬,仿佛已经看到了光明的未来。

"那他……同意吗?"我试探着问。

"他最开始说,只要我能开心,他会永远陪着我。可是他最近的表现越来越像是要反悔……前几天还动手动脚,语言和行为都充满了无礼的内容,被我严厉拒绝了。"代玉又开始许愿。

"你有没有想过，如果你没能如愿产下'圣子'，那会如何呢？"我再次说到这个有些尴尬的问题。

"如果这样，这就是'神'的安排。'神'所安排的，人不可改变。不过你的担心是多余的，因为我相信：凡是祈祷的，必能得到应验。得不到的时候，安心等待。"她以不可置疑的眼神盯着我，用同样不可置疑的口气说。

"所以……"我示意她说下去。

没等我说完，代玉马上打断了我："或许你会认为我不可理喻，甚至精神上有问题。但是我要说的是，我并不怕被误解，因为追求真理的路就像是走窄门，被误解是很正常的。如果您不愿意接我这一单咨询，我可以立即离开，不再耽误您的时间。也请您把咨询费退还给我！"

显然，这又是一个"什么都想要"的状态，需要无条件支持，但是不愿意损失金钱。

"宗教信仰是你个人的自由，只要你信的'宗教'是国家认可的，我并没有任何意见。"我非常平和地解释，"你要确定你的教会是否符合国家规定……"

"我希望在接下来的咨询中，请你不要品评或者质疑我的信仰。"代玉有些咬牙切齿。

看到代玉一副强忍着冲动的样子，我立即采取聚焦的策略，让她把关注点再度拉回到自己身上："和我们这样的非信徒说话,确实辛苦你了。"看她的情绪有所收敛,我接着问,"你能说说你现在的感受吗?"

这是一个探索情感的开放式提问。所谓开放式提问,大致相当于英语中的特殊疑问句,无法用是或否回答,也无法用几个固定的选项回答。而代玉的回答也不出我所料:"我现在没什么感受。这世界上非信徒太多,向你们宣传'神'的教诲,也是我们教徒的责任和功德。你们总是太自大,认为人类什么都懂,可是别忘了,科学的尽头是神学。"代玉的话其实有些误解,神学并不等于宗教,更不等于打着宗教旗号给人洗脑的邪教。

"如果是这样的话,你可以向很多人传教,为什么一定要和他在一起呢?"

"因为他一直非常照顾我。他本人也非常好:英俊、温柔、博学、有上进心,我不得不说,他非常完美。可现在……"代玉没说出来的部分是,如果两个人真的像世俗的夫妻那样生活,他的完美形象就崩塌了,从天神变成了有七情六欲的凡人。对天神丈夫充满控制欲的渴望,和失去天神丈夫的恐惧感,才是她表层矛盾之下的深层矛盾。

毫无疑问,代玉是一个高度追求"宗教感"的人。所谓"宗教感",是德国心理学家斯普兰格提出的一种"追求精神一致性"的需要,而这种需要背后的动机是:证明世间一切和"宗教"中统治万物的神秘力量相对应,即便严密的科学也不可能将其推翻,反而会成为其证明。追求"宗教"感的人,相信自然界存在于一个独立于人类社会秩序的先天的至高力量,而且只能通过教义和信条才能认知,绝不能像自然科学那样依靠感觉和经验来总结和修正规律。目前现存的"宗教"历史都非常悠久,因为"宗教"象征着古人对自然的合理认知,从这个角度看,神的形象就是过去的"科学拟人化"。

"老师,你说我对他、对我们的未来,有这么积极的希望,这样有错吗?"代玉有些迫切地问。

这个问题真不好回答。代玉和她所在团体的教徒认为非信徒没有精神追求,而非信徒又认为教徒是迷信的,谁对谁错,我们无法讨论。正如爱因斯坦所说:"理论决定着你能观测到什么。"因此只能说,站在各自的角度,都是正确的。

如果按照科学家的理论,人脑就像是芯片,而意识则是信号;芯片腐烂后,信号则彻底消亡。这对于大多数人来说显然不那么好接受,所以一些人进入老年后开始相信各种超自然力量,相信灵魂不灭,相信天堂和神的存在,这样可以在有限的时间中减少恐惧感,从心理学角度很好理解。可问题是,如果沉浸于这种安全感,那么这些人很难在其他方面继续前进。这就给各种邪教以控制人类的可乘之机。

　　回到代玉的案例中，我们作为心理师不能用对错评价她，只能说她和她的丈夫性格类型不同。关于性格的分类有许多种，1928年斯普兰格按照人类社会文化生活中的价值观成分，分成了六种性格类型，每种性格有不同的人生目标。它们分别是经济型：这种人注重实际效用，生活目标是为了追求财富，适合做商人；理论型：这种人重视探究世界，喜欢客观冷静地观察事物，以追求真理为目标，适合做思想家、科学家等；审美型：这种人不太关注现实世界，想象力很强，喜欢追求美感，以感受美作为人生目标，适合做艺术家；权力型：这种人喜欢追求权力，以满足自己的支配欲，得到高层的地位为人生目标，有许多政治家都是这样；社会型：这种人关心他人，助人为乐，以为社会做贡献为人生目标，雷锋就是典型；最后一种就是"宗教型"：这类人信奉"宗教"，相信神和超自然的神力，渴望拯救自己和他人的灵魂，也期待从现实生活中得到解脱。他们要求自己脱离一切低级趣味，做一个纯粹的人，把坚定信仰视为人生目标，当沉浸于"有神性的体验"（即"宗教"感）中时，会得到最大的快乐。

　　对于非信徒来说，代玉显然是处于迷信状态。在此我们仅仅用"迷信"这个词来说明其心理机制,而不带好坏的评价,因为相关研究出自非常理性的行为主义心理学派——这一派的心理学家认为人类是复杂的机器,并不讨论善恶的问题。1932年,美国心理学家伯尔赫斯·弗雷德里克·斯金纳(Burrhus Frederic Skinner,1904—1990)发现:迷信作为一种心理行为模式,不仅仅会出现在人类身上,还会出现在动物身上,所以这可能是生物进化形成的一种机制。他在实验中使用了"斯金纳箱",箱子中有个金属片一样的杠杆,只要按一下,就会有食物落入箱中。斯金纳把饿了一天的白鼠放入箱中,白鼠无意中碰到杠杆得到食物,几次之后,白鼠就学会了按杠杆获得食物。这叫做"操作性条件反射"。而在实验中,斯金纳意外破解了迷信的原理——如果有好几种颜色的灯或者好几种颜色的杠杆,那就不能让色盲的老鼠来做实验了,而要用到斯金纳特别喜欢的鸽子。通过训练,鸽子学会了只有特定颜色的灯亮了才啄杠杆。通过这些程序,鸽子可以被训练做出一系列很复杂的动作。斯金纳还发明了一种概率型的斯金纳箱,鸽子在啄杠杆的时候按概率掉出食物。鸽子在啄杠杆之前可能会随机摇摇头,或者拍拍翅膀,围着杠杆转一圈,如果接下来按杠杆后刚好掉出食物,鸽子就会觉得这些动作是个必要仪式,每次按杠杆之前都要做一下,尽管实际上食物的出现是有概率的，和鸽子的动作毫无关系。斯金纳认为这就是迷信的来源，鸽子会认为做了这些动作之后更容易获得食物，人类也会如此，哪怕后来这个动作不那么管用，但还是不会放弃。

　　斯金纳的祖母是一个虔诚的教徒，曾经给他灌输过很多"宗教"思想，斯金纳也曾经深信不疑。可是这个实验之后，斯金纳不再相信小时候祖母给他讲的话，变成了无神论者，当然这件事估计也不能让家里人知道。同时，斯金纳的研究也解释了赌徒的心理：由于没有办法预测下一次的奖励何时到来，但因为习惯于偶尔得一些奖励，动物和赌徒都会坚持不断地试下去，以期望在下一次尝试中得奖，输了想再赢，赢了还想赢。斯金纳甚至发现，哪怕投放饲料的装置已经完全关掉了，动物还是会不停按杠杆，直到没力气为止。后来斯金纳还在箱子底部放了电网，按错了有可能受到电击，按对了杠杆就能停止电击，而且惩罚建立起来的行为模式，来得快去得也快。一旦惩罚消失，行为模式也会迅速消失。由此他得出的一个结论，人是没有尊严和自由的，人们做出某种行为和不做出某种行为，只取决于一个影响因素——那就是行为的后果。斯金纳的理论再次验证了"理论决定观察结论"，因为他的时代已经有巴甫洛夫珠玉在前，相信动物的心理现象可以类比人类心理，类似的观点在"宗教"氛围浓厚的中世纪简直不可能。在中世纪只有人类才有灵魂，动物不可能有，所以动物心理研究也不可能和人类心理相互借鉴。

可是代玉和其他正教信徒又有所不同，她并不甘心做个普通的信徒，而是希望自己可以成为新一代的神圣母亲，也就是在有大信仰的同时有自己的小家庭。她对此的解释是，自己虔诚而纯洁，也希望成为一个母亲，完全符合被神拣选的条件。这种看似"迷之自信"的想法，加拿大心理学家基思·斯坦诺维奇提出的理论可以进行解释：绝大多数人认为泛化的人格特征描述都是正确的，并把这些特征视为自己所独有的。代玉的特征可能看似稀有，但其实在几十亿人中也并不是少数。可是被邪教控制的代玉是不会随便接纳来自圈外的建议的。

"宗教问题是一个复杂的问题，或许我目前还没有那么深入的研究。但是我能保证的是，在咨询期间，不论你在这件事上有什么打算，我都绝对支持你。"我也毫不犹豫地说。

"我知道，你接下来会说，我控制欲有些强，我想改造他，但实际上不是我要改造他，而是'神'指引我改造他。'神'是最慈悲，最博爱的，他不会放弃众生中的每一个，所以我也不可能放弃他。这个过程他会很累，可是当他真的能觉悟，理解了'神'的思想，他会感谢我的。"代玉仿

243

佛是在对我说,也仿佛是自言自语。

在代玉的世界里,神和魔鬼、巫术、怪兽、超自然能力等,都是存在的,虽然她没有亲眼见过,但是她说自己的灵魂可以感受到,"心眼"比"肉眼更重要"。同时,她所爱的对象,也并非实际的人,而是她迷恋的神的形象投射到了自己的凡人丈夫身上。进化心理学家认为,人类之所以能在自然竞争中区别于动物,很重要的一点就是人有感受虚拟事物的能力——即便知道事物是虚构的,仍然会有非常真实的情感体验。就好像鬼故事是假的,但是被吓到的读者的恐惧感则是真的;喜剧是演出来的,而哈哈大笑的观众的快乐是真的。耶鲁大学的心理学和认知科学教授,也是哲学系首位女性系主任 Tamar Gendler 称之为意识系统中的"本能认知(alief)"。这是一种自动化的习惯性态度,充满了联想和非理性的情感。与之对应的则是"信念(belief)"——信念是基于客观现实的,比如知道电影中的杀人场景是假的、知道游乐园的怪兽只是机器,可是本能认知还是会有非常真实的情感反应。正是这一机制,会让我们爱上不属于这个世界的虚拟角色,包括但不限于小说、绘画、雕塑、影视、游戏中的角色。心理学上目前还没有正规的语汇来描述这种跨次元的单恋,但是在日本御宅族中称之为"纸性恋"——那些被爱的虚拟角色,统称为

"纸片人"。在日本,纸性恋也被称呼为"二次元禁断综合征",对于这种心理是否属正常,仍有一些争议,但仅按照定义而言,这种综合征确实存在,只是目前并不被世界卫生组织确定为心理疾病。有人认为大批沉迷幻想的群体是造成低结婚率和低出生率的原因。

排除一些男性因为经济问题,爱不起真人之外,从心理学角度讲,爱上纸片人显然比爱真人更容易。虽然纸片人没有自己的思维能力,但这反而给了当事人更大的可塑性,让他们可以在和纸片人的恋爱中获取情绪价值。加拿大心理学家通过核磁共振脑成像发现,理解虚拟角色时和与真人互动时,脑区活动区别不大,从这个角度说,虚拟角色理论上可以取代真人。现在某些机构也在发明心理咨询机器人,通过算法来帮助来访者。而当事人也会习惯于与纸片人互动,而逐渐轻视现实的真人关系。这种现象并不是当代新出现的,中国古代的《牡丹亭》《聊斋》中都出现过爱上画中人的故事,古希腊的皮格马利翁也是爱上了雕塑。根据当代最流行"纸性恋"的国家——日本的大数据调查发现,早在江户时代就有人爱上画中人。如今爱上纸片人的大多是男性。究其原因,可能是男性社会压力更大,也更难在人前表现出孤独感和倾诉欲,所以会选择不会和自己产生真实互动的纸片人"老婆"。对比之下,女性则更多会把真人影视中的角色当成恋爱对象，也常常会进一步迷恋扮演该角色的男性演员。有些非正规研究把纸性恋分为几个程度：轻度——喜好虚拟人物，收集它的各种周边，但是看了有好感的新角色也会纳入自己的喜欢范畴；中度——对虚拟人物保持唯一情感；重度：消极对待日常生活；危重：对现实生活和人物产生敌意，甚至希望自己可以脱离三维世界。有时会自己将自己困在一个单独的世界中，并在脑内创造了一个全新的社会和秩序，而自己就是幻想世界的王。代玉的案例似乎在重度和危重之间。

在代玉的案例中，我们可以提炼出几个关键词：控制欲、完美期待以及对自我实现的高度追求（可以称之为一种成就感）。我小心地拿出我的分析来给代玉分享，代玉似乎同意了我的看法，想让我说下去，但是她马上又改口了："我是希望你想办法来改变他的想法，不是让你来分析我的。"

这种状态是"阻抗"的一种，在咨询中也非常常见。我见招拆招："他不听你的，是因为不理解你，我要帮你拆解清楚之后，他就更容易理解你了。"

"那也好，我心中光明，不怕拆开来看。"代玉梗着脖子说。

接下来我又进一步分析：在代玉的眼中，如果自己和教徒结婚，似乎没有挑战性，而说服一个非信徒和自己一起，这才有更高的成就感。同时，代玉也会担心，除了现在的丈夫之外，没有其他人会喜欢这样的自己。更严重的是，如果是和信徒结婚，对方也能听到"神"的旨意，自己无法利用信息不对等来实现控制。

"你说的可能有道理，但是我要说的是，不要质疑我的'神'。"代玉的指甲陷入了自己的膝盖中，可见她在克制内心的激动。看来她目前依然难以接受其他意见。

"这是你的自由，在我这里你是受保护的，请放心。"看到她的紧张感稍微减轻了一些，我又问，"有信仰的生活，让你有一种荣耀感，对吧？"

"对，这种荣耀感是你们这些非信徒无法体会的，你们可能觉得，我们的'神'是宗教的产物。其实我们这不叫宗教，宗教是人类编的，可我们的'神'是客观存在的，他像你我一样真实，不，他比你我更真实。他就是一切的真相、一切的方向、一切的动力之源。"代玉像是在给我讲课，也像是在祈祷。

"如果我愿意跟随你变成信徒，你会很高兴吗？"我顺着她的愿望问。

"当然会，为'神'寻找到迷失的孩子，这是我的功德。"她突然眉头一皱，觉得事情并不简单，"不过我不希望你现在信，因为纯粹的信徒的方法，是无法改变他的，所以我来找你了。最好的是你现在保持你原来的思维，等到帮助我之后，你就可以丢掉那些，然后成为一个光荣的信徒了。"

"可是如果再遇到类似的事情，我怎么能继续帮助另一个为男友发愁的女信徒呢？"我反将一军。

"这……这……愿'神'保佑她。"代玉给出了自己最能给出的回答。代玉不愿意承认，自己看上去是为了造福全人类的方案，实际上非常自私。

"而且你这么问，也是在告诉我：信徒的方式也是有限制的，你自己限制了自己崇拜的'神'。"我没有拆穿她，只是顺着她的话往下演绎。

"不，信徒的能力是有限的，可是'神'的能力无限，不管你信不信，你也是'神'的孩子呀。"代玉的口气又坚定了一些。

"既然我们都是'神'的孩子，那他应该也是啊，'神'如果想说服他，那会是很容易的事情，所以你在纠结什么呢？"我继续帮助她剖析她的逻辑。

"我不知道该怎么回答你，这个问题还是由你来回答吧。"代玉脸上充满了费解的表情。

"我一直比较推崇爱因斯坦的一句话：我们的理论决定

我们观察到什么。相信神的人，会觉得一切所见都是神存在的证据；而不相信神的人，则会很难证明神的存在。"我借用名人的话为自己作证。

"这我就更要问了，既然之前大家都相信宗教，按照你所说，理论决定观察到什么，为什么后来会有人不相信呢？大家应该一直持续相信才是。"代玉似乎也找到了我的逻辑漏洞，准确地说，是爱因斯坦的逻辑漏洞。

"这个问题很复杂，不过我比较信服的一个原因是：世界上有很多种精神追求，在各国人相互交流的时候，原有的理论便从外部打破了。我想你作为中国人，你的祖先应该并不了解你现在相信的精神追求。不过，信仰被打破，也是历史不断发展的特征之一，早在周朝就出现过'边国不尊周礼'的情况，于是中国的历史才不断改朝换代。"

"所以，既然世界上有很多种理论，我的男友也只是选择相信了其中一种而已？可是这使我很痛苦。我需要他和我保持一致。"代玉脸上浮现出明显的不悦。她看上去是"宗教型"的人，实际上却是权力型的；如果她直接追求权力，或许她会轻松一些，可是她又希望自己显得高尚，这就又出现了一种冲突。这也是她在认知层面的原因，通俗点讲，就是她自己给自己找的理由。

心理学家罗杰斯认为：当真实经验和自我概念（即现

实自我和理想自我）产生冲突时，心理问题便产生了，这被罗杰斯称作"自我趋向偏离"，而二者之间形成一致的过程，叫做自我实现趋向。看现在时机差不多了，我将之前所想的几个冲突点摆在她面前：脆弱与占有欲；私心与博爱；"宗教"感与权力欲。她看了颇为惊讶："你说的好像我已经把七种大罪恶凑齐了。"

"倒是没有那么可怕，你能爱上一个和你不在同一个维度的'神'，说明你还是有爱心的，只不过它的存在形式和大多数人的爱不太一样。如果你不为此产生困扰，你可以一直继续下去……"我给她宽心。

"问题就是产生困扰了呀！"代玉急得跺了一下脚。

"所以，这时候你可以想想看，你到底想在关系中获得什么？目前我们已经知道的包括：荣耀感、占有欲、控制欲等很多种需要。可是目前你的另一半并不能完全满足你的想象。"我为了避免惹恼她，继续总结之前的内容。

"确实是这样。"代玉点了点头。

"你之所以需要这么多，是不是因为你有对这些东西的饥饿感呢？"我继续深挖。代玉的情况，其实专业点说叫不自我接纳，也就是觉得自己本来非常不好，所以才需要加上这些外来的东西来让自己更满足。

"我知道，我非常需要这些东西填补自己；同时我也希望我足够伟大,这样大家也会仰慕我。"代玉再次暴露自己的"野心"。

"不被仰慕的状态,是你无法接受的,对吗?"我接着问。

"我可能太需要别人认可我了吧……我知道,那种被崇拜的生活很美好,难道不是吗?"代玉抬着头,似乎看到了美好的场景。

"当然很美好,如果世界上每个人都可以认同你,那世界该是多么和谐,那时候你也会对自己更满意。"我从她的梦想出发,来描述她的情感。

"可是这要怎么实现呢?"她马上发现了问题。

"你可以先尝试着去认可别人。圣人们在传播宗教理念的时候,最开始都不顺利,都是从爱他人开始的,孔子、佛陀、耶稣都是如此。你不必着急教育对方,只要有足够的爱,对方就会被你吸引。"我开始装得高大上一些,接下来果然拉近了和她的距离。

"可是,我自己的爱都不够,我拿什么来爱别人呢?"代玉有些局促。

"你的另一半之前给了许多爱,这些爱现在并没有消失,它会永远存在你心里。"她似乎更喜欢高大上一些的理论,于是我再度采取人本主义的策略。

我继续说:"不论你相信什么宗教,你内心都有大爱,爱的都是所有人,首先肯定他的优点,也要相信你们之间也可以找到爱情的平衡点。他要求你要尽妻子的义务,如果你无法答应,你们可以商量,如何进行补偿。即便他无法完全实现愿望,也会继续理解和支持你。退一万步讲,即便他无法接受你的选择,也并不意味着你的自尊心会被损害。你依然是你自己,一个值得尊敬的人。"

代玉听我说完这些,突然眼眶里掉出了泪珠。

"你知道吗,其实我都打算放弃这段关系,和他离婚了,至少是分居,以后各过各的。"

"为什么会这样呢?"我虽然没说出口,但是我推测一定和另一个男人有关。

"我在网上已经遇到了我的灵魂伴侣,他完全支持我的想法——虽然他在外国,但是我们的观点真的很一致。在最近和我对象冲突的时候,都是他在支持我。由于我和男友已经领证了,所以这件事我并没有跟任何人说。现在我觉得,比起我男友,我和这个网友更有爱的感觉。"代玉又陷入了一个美好的憧憬。

"他是哪国人呢?"我马上有些警觉起来。

"他在欧洲,不过应该是中国人吧,我们一直是用汉语聊天的。"代玉并没发现有什么问题。

"东南亚华人的汉语也不错啊。也可能是马来西亚的?"我继续推测。

"那我就不知道了,不过这也不重要。"

"因为这种不见面的恋爱,更符合你的期待。这样他就像是一个没有形象的神,给你留了很大的想象空间。"

听我这么说,代玉的眼睛突然瞪大了,很明显这是惊讶的表现。

"那……我这算是什么类型的问题?"她缓了半天,依旧不能克制自己的紧张感。

"我接下来要提出一个词,不知道你是否赞同,如果不赞同,我马上收回这个词。"我从抽屉里拿出一套心理词汇卡片,抽出其中一张放到她眼前。

卡片上的字是:回避型依恋。

回避型依恋也叫躲避依恋,是人类婴儿期展现出来的依恋类型之一。这种婴儿在总体中并不多见,他们对于母亲的在场或离开都无所谓,并未和母亲形成紧密连接,因此也被称为"无依恋婴儿"。美国心理学家玛丽·安斯沃斯在乌干达做过一个"陌生情境实验":她发现婴儿在来到陌生环境时,会有三种不同表现。第一种婴儿在母亲旁边会安心玩玩具,面对母亲的离开,婴儿会哭闹,但是母亲回来后就会重新亲近,甚至会在陪伴下和陌生人接触,这种叫作"安全型依恋";另一种更容易焦虑,母亲要走时不让走,母亲贴太近也不高兴,这叫作"矛盾-对抗型依恋"。第三种则是"回避型依恋"。

有趣的是,婴儿的反应也会出现在成年人身上,虽然婴儿不是小号的成年人,但成年人却是"大号的婴儿"。在成年人的复杂内心中,还会出现掺杂了前三种的"紊乱型依恋"。

在一项 2009 年的研究中显示,回避型依恋的人,因为内心害怕和别人过度亲密,常常更容易想象自己和一个没有真实感情联系的陌生人发生关系或产生其他情感。毕竟在想象的世界中,这个人可以完全拥有一切他想要的特质。即便仅仅是性幻想,也仅仅是一种好奇心,不代表真实的欲望,不必对此进行过多抨击。有一种"社交替代假说"认为,和虚拟人物互动是社交的替代品,可以帮助当事人获得在现实中缺失的归属感。就像《三体》中,男主角幻想出自己有爱人,这让他获得了幸福感。毕竟对于很多人来说,虚拟的幸福好过现实的痛苦。现实的痛苦实在过于强大,屈原在感慨"众人皆醉我独醒"后就自我了结了。在代玉的案例中,她有意无意地回避自己已经有丈夫的状态,还是"习惯性"地称之为男友,当然,作为以来访者为中心的心理师,也不必纠正她这一点。

Case 11：纸性恋——把自己献给"神"的姑娘

"那么，怎么样才能把我的回避型依恋治好呢？"代玉问了一个非常常见的问题。如果能意识到自己是回避型，那说明自身的回避程度并不是太深，自己也对回避有否定。真正沉浸于回避的人是不会想要改变这一状况的。

"这是你从小养成的模式，如果你要快速修改它，会对你造成很大的伤害，反弹和后遗症会让你更难受。不妨先从一些小小的改变开始，比如先进行自我对话。"我先给了她一些基本的建议。

如果代玉这样的当事人希望这种想象（尽管他们自己不认为这是想象）成为他们生活中的一部分，不妨把幻想当做一种冥想来修炼——允许自己有一种这样特殊的休息方式：从日常生活中抽离出来，暂时享受一个人的安静环境，集中注意力，好好和自己的内心对话。此时不评价对错，这样做才能对自己的想象有新的理解，更了解自己的心理动力，即需求和欲望。

本我和超我，就像是内心的野兽和圣人，它们都是自己真实人格的一部分。要减少内心冲突，绝不是偏袒野兽或圣人，而是获得双方的平衡，给自己属于圣人的时间，也有属于野兽的时间。而合理的想象恰恰能实现这些。同理，纸性恋也并不是洪水猛兽，可怕的不是恋爱对象，而是当事人在恋爱对象之间强行造成的相互干涉。

对于虚拟人物的爱恋，其实在某种程度上让当事人获得了一些社会认知能力，这显然比"绝对的独处"好很多。当然，社会认知能力也不仅仅靠虚拟关系（或者说跨次元的关系）培养，还可以通过冥想、运动、交友等很多途径实现。尝试的方式越多，越能发现，有很多途径都能获得归属感，爱有很多形式，而可爱的东西，也无处不在。

当然，我不能直接告诉她："你信的是邪教，你要立即远离。"现在我明白了小周所说的艰难。心理咨询师很多时候要考虑到咨询中的伦理问题，这让我们不得不说很多违心的话。但是有一种情况例外，那就是违法行为。

再回到我们的案例中，永生追求似乎是人类逃不掉的一个问题，但即便死亡是必须的，让我们无法逃避，这里依旧有一条温暖的逻辑：时间有限，我们可以抓紧时间，寻找和自己最志同道合的人，做自己最想做的事情。

委婉地表述了上面这段话后，我详细问了她的教会的地址，得知其在某个偏僻的公寓楼地下室。她非常欣喜地认为我也想加入，之后也非常欣喜地离开，并表示愿意尝试我提供的冥想法。

作为心理师，我能做的是减少代玉的焦虑；而作为一个守法群众，我也有其他能做的事情。代玉走后，我马上拿起了电话，拨给熟识的金警官。

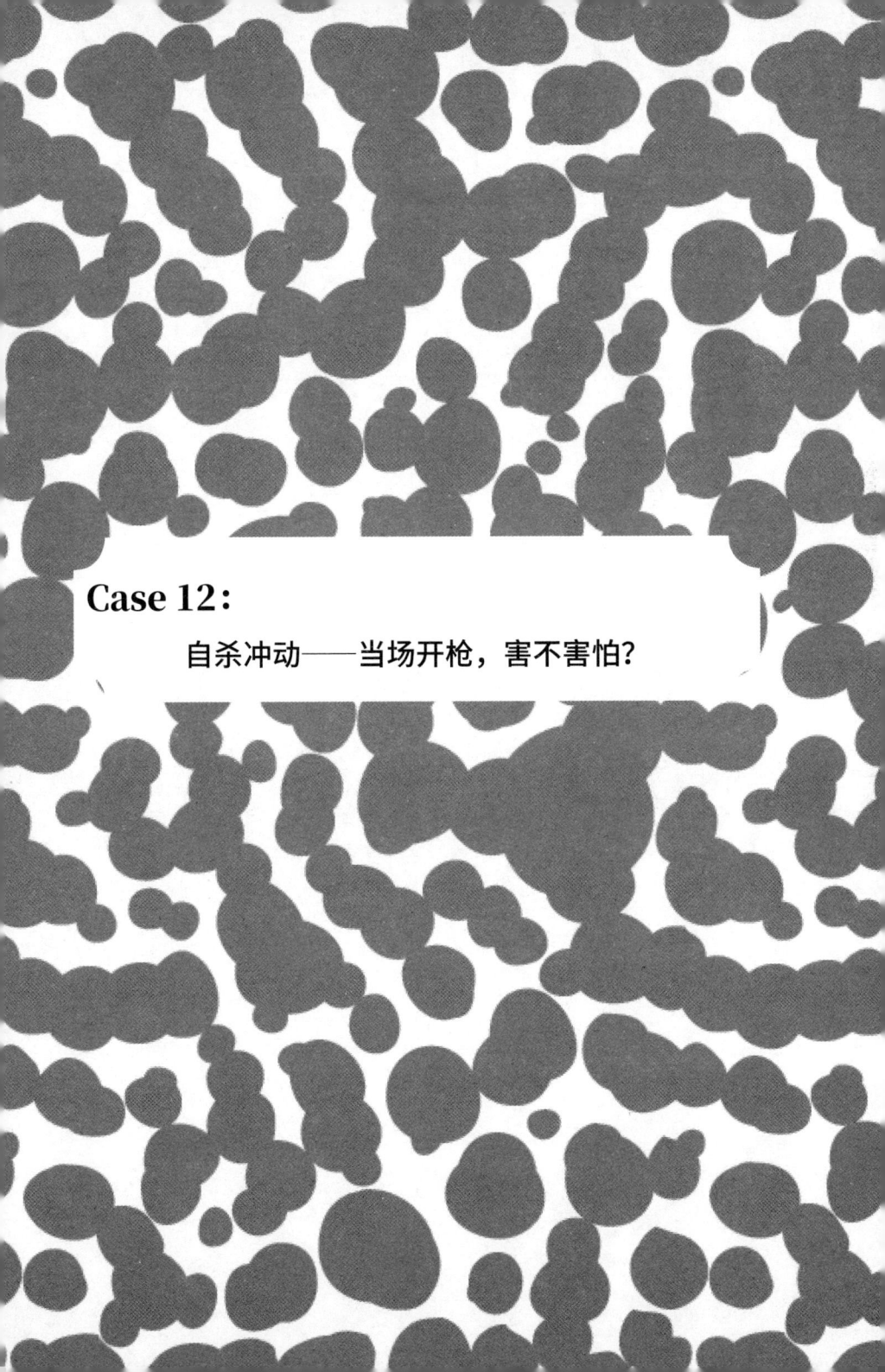

Case 12：
自杀冲动——当场开枪，害不害怕？

Case 12：自杀冲动——当场开枪，害不害怕？

日本有句谚语：没有行动的目标是一场白日梦，没有目标的行动是一场噩梦。我一直认为，人类的行为背后总是会有动机，虽然不一定被行为者自己发现，可有时候行动跑得太快，思维完全跟不上。今天就是这种情况。

今天本该是悠闲的一天，没有任何预约，也没有其他要紧的事情。正当我考虑打开电脑看什么电影的时候，一个男人匆匆忙忙冲了进来。他的状态简直可以用连滚带爬来形容。

"老师，我不想死，请你帮帮我！"男人大概25岁，从外表上看并没有什么生理健康问题。

还没等我回复，他继续连珠炮似的说："我不想自杀，可是我的手不听使唤。我最近一直被自杀的冲动死死缠住。"最后四个字他说得咬牙切齿。比他的表情更恐怖的是，他突然从怀里掏出一把手枪。此时他的手抖动得厉害。

"老师，你体会过死亡吗？"他拿出枪来在我面前比比画画，"如果没有，你可能不知道我现在到底有多恐惧。"

可是他的样子不像是恐惧,而更像是要让他人恐惧。

"我之前经历过一次,所以我在咨询室里安装了防弹玻璃,如果你开枪,我的玻璃会以每秒一公里的速度从天花板上下降挡住子弹。而子弹的初始速度通常是 600 米左右。"看他随着我的话望向天花板,我接着说,"现在子弹这种东西也不容易得到,所以你最好别浪费。"

"好吧,那我只能……"男人把枪口对准自己的太阳穴,似乎要打出无法阻止的一枪。

随着一声巨响,男人仰面倒在地上。

"这么大的声音,你的耳朵一定不舒服吧。"我小声说。

男人缓缓从地上爬起来,揉了揉耳朵,又扭了扭脖子,脸上表情有些失落,看来像恶作剧没有成功。

"你怎么知道我这是假的,你隔着桌子,应该看不清躺下的我。"男人问。

"如果是真枪,你把枪放在怀里,为了防止走火,一定要扣上保险,可是你并没有这样的动作。枪在使用之前要上油,会有特殊的气味,我也没有闻到。更重要的是,我虽然听到了枪响,却并没有看到弹壳弹出来,更没有听到弹壳落地的声音。你这不是左轮,也不是打钢珠的鸟枪,所以肯定有问题。我听说过 20 年前有一种叫墨水枪的玩具,所以我联想到你打出来的是红墨水冒充的血液。而且你的食指上也没有长期扣动扳机的痕迹,走路姿势也摇摇晃晃,并不是受过军警训练的人,拿到真枪的概率也很低。"

"好吧,你说对了,我果然没白来。"男人特别轻蔑地说,"其他的咨询师看到这种场景,大多数会被吓得躲在桌子下面。"

"能说说你的问题吗?希望我的技术可以帮助您。"看到他点了点头张嘴要说,我先开口了,"先把费用交一下。"

可能是"来都来了"这种思维在作祟——心理学上叫契可尼效应,也可能是他认为我确实有一些非同寻常的方法可以帮助他,在犹豫了20秒左右后,他还是缴费了。

该男子代号"枪枪",28岁,军校肄业,单身,主诉问题是:经常有无法抑制的自杀冲动。

"比如我站在高处,会有一种往下跳的冲动;看到刀子,会想到如果插在自己身上会怎么样;看到大车,就会想到自己被碾压;看到铁路,也会想趴上去;甚至在电影里看到大爆炸,都会想着我在这个场景里被炸碎……"枪枪说得很细致,为了不让这本书变成恐怖小说,我适当简写。在美国精神医学学会(APA)出版的《精神障碍诊断与统计手册(第五版)》(DSM-5)中,自杀行为障碍被列为一种"需进一步研究的障碍"。根据弗洛伊德的理论,自杀是一种高度的自我攻击，而攻击性源于人类的死本能。动物行为学研究发现，自杀可能是人类独有的一种现象，我们至今依旧无法确定鲸类等海洋生物搁浅是否有自我毁灭的主观意识，或许它们只是受到外界信号的干扰。至于"斑羚飞渡"或"旅鼠投海"之类的行为，至今没有实锤。某些品种的螳螂和蜘蛛会吃掉自己的丈夫，但是雄性依旧愿意靠近雌性；蜜蜂也会不惜以死亡为代价蜇伤其他动物。这似乎更偏向于一种本能，也不能严格定义为自杀。

"那么你在想这些的时候，有什么情绪体验呢？"我用了帮助来访者探索情感的开放式提问。

所谓开放式提问，是心理咨询中最常用的一种提问技术。咨询师会提出比较概括、广泛、范围较大的问题，对回答的内容限制不严格，给对方以充分自由发挥的余地。开放式问题常常运用"什么""怎么""为什么"等词发问，让来访者对有关的问题、事件给予较为详细的反应，而不是仅仅以"是"或"不是"等几个简单的词来回答。我们在《西游记》中经常看到唐僧问：此处是什么山？山上有什么妖怪？这就是开放性提问。与之相对的是封闭式提问，用语法上的类比，一般疑问句、选择疑问句都是封闭性的，而特殊疑问句就是开放性的。

枪枪不假思索地说："我想到这些的时候，仿佛身体上真的有某些感觉。可是我并不感到肉体的痛苦,也没有任何恐惧的感觉。仿佛……仿佛是……"

"仿佛是你在看电影或者打游戏,这些并没有真正刺激到你。我说得对吗?"我尝试着帮他总结了一下。

"对对,就是这样,所以我会觉得不够带劲,之后会想更恐怖的死法,比如掉到水族馆中的鲨鱼池中被鲨鱼吃掉、进入烤鸭炉子里被烤成焦炭、被高压电烧成灰……但是我想象完了之后,我还是我,一个完好无损的我。那种感觉,就好像恐怖片变成了《猫和老鼠》。"

"那你想过真的实施一下吗?"我用一个常见的问题来检验他是否有自杀或自残行为。

"目前还没有,我思考的都是比较暴力的死法,一旦开始操作,死亡率很大,通俗地说就是死得很痛快,绝对没有慢慢折磨致死的,连跳伞之类的都没有,那种要坠落半天,太折磨人。"看来枪枪是个急脾气的人。

"是不是可以这么理解:你非常沉迷于构思关于自杀的故事,但是实际上并不会真正地自杀?"我用了概述的技术,概述是重述的一种特殊形式,旨在总结来访者陈述内容中的重点。

"对,我目前确实是这样的。"枪枪点点头。

"那这样有什么问题呢?"我继续挖掘他的想法,"只要你不侵害到他人，这也只是你的一个爱好。"

"当然有问题，我怕我哪一天就忍不住真的做了。而且我之前想的都是速死且惨死的方式，一旦开始做，后悔都不行。"

"你在现实中，会经常后悔吗？"我抓住一个信息点往下问。

枪枪努力思考了一阵："好像是会吧……不过也不算经常，只是有时候会……大家不是都会后悔吗？"

枪枪的回答似乎要努力把自己表现得正常一些。

"既然这样，那么你来签一个《不自杀承诺书》吧。"

枪枪显然头一次听到这个词，有些疑惑："那是什么东西？"

我从抽屉中抽出一张打印纸，将笔递给他。纸上内容如下：

本人___，身份证号___。我由于心理现在处于危机状态，已于___年___月___日到心理咨询中心寻求帮助。在咨询老师的建议下，我自愿签署不自杀承诺书。在签字之前，我已明白此不自杀承诺书的目的和作用，清楚地理解承诺的每一条内容。在此，我郑重地对自己也对咨询师作如下三点承诺：

1. 在接下来的一周内，我将尊重并珍爱我的生命，决不自杀。

同时，也不伤害自己或他人的生命安全。

2. 下周内万一我萌发了想违背上一承诺的想法，我将按照下方咨询师留下的联系方式，在第一时间内联系，并告知当时的感受以及想违背承诺的想法。

3. 如果在第一时间内不能联系上我的咨询师，我将会拨打全国 24 小时心理危机干预热线□□□－□□□－□□□□。在以上电话不能联系上的情况下，我将拨打 110 请求帮助。

承诺人：

联系方式：

紧急联系人：

咨询师：

联系方式：

枪枪看完之后，利落地填上了自己的信息。

"可是，我如果哪天有冲动，没准就自杀了。你也知道，我有点喜欢演戏，可不一定是那种说话算话的人。"

"我明白，我们大部分人说的大部分话，其实都做不到。"我很认真地说，"如果你真的要死，那么谁也拦不住，这个承诺书只是多了一道枷锁而已，而且我也要证明自己会尽最大的可能来劝阻你可能出现的自杀。"

"那我可要期待您是个有用的咨询师了。"枪枪脸上想表现出礼貌的神情，可是在这之下却有一股皮笑肉不笑的嘲讽。

我没有和他对抗，接下来我开始收集他的人口学变量。所谓人口学变量，是社会研究中经常收集的各种人口指标，常见的包括性别、年龄、民族、教育、健康、收入、亲属状况等，可以把被调查者分门别类。经过简单的访谈，我得知枪枪的父亲是军人，母亲是军医，他是独生子，本来也想当兵，但是由于在军校和教官冲突，19岁时被开除，只能肄业，目前还没有正式的工作，好在家里不缺钱。他有时候在停车场、运动会场之类的地方当临时保安。虽然已经28岁，但是这几年心理变化不大，还停留在19岁左右。

之前的咨询中，有咨询师怀疑他是妄想型精神分裂。什么是妄想型精神分裂呢？要明白这些问题，首先我们要弄懂什么是精神分裂。精神分裂可不是大多数人所认为的人格分裂，而是一种病因未明的常见精神障碍。患者在感知、思维、情绪、意志等方面会出现障碍，精神活动出现不协调或脱离现实。精神分裂症常发病缓慢，部分患者可发展为精神活动衰退。患者平时可以保持清晰的思维和基本的智力，只是某些认知功能会出现障碍，可是一旦发作，那就会几乎丧失全部自知力了。

而妄想型精神分裂症则是最常见的一种精神分裂症，患病者大多集中在中老年群体中。患者大多具有多疑、敏感、行为神秘、不易接受他人的批评、嫉妒性强等特点。妄想型精神分裂症者会出现意志行为障碍，意志会比常人增强很多，千方百计地达到自认为重要的目的。

患者在发病前，通常具有固执、敏感、多疑、好强、嫉妒心强等人格特质，在发病之后，患者所作出的妄想，也通常与现实有一定联系，不算荒谬。而且发病者通常拥有一定的社会地位，在工作上有所成就（就像著名病人诺奖得主纳什一样），所以行为也基本符合社会规范。

那么，这种病有办法治疗吗？虽然我们没有保证能彻底根治的方法，但是医学家和心理学家还是找到了一些应对方法。早在西汉，张仲景就找到了缓解精神症状的药方，现代医学界也用银杏叶提取物、氯氮平、氨磺必利等来缓解症状。除此之外，心理疗法也是十分必要的，通过音乐、体育运动、手工作业等方法，可以转移患者的注意力，增强患者和其他人的交流能力，逐步让患者再回归社会。对于患者的家人和朋友们，也应该抱着宽容的态度接纳，如果一味远离或对其议论纷纷，只能触动患者们敏感的神经，让病情更加严重。

回到枪枪的案例当中，枪枪是军人和医生的独生子，根据盖然性平衡优势（即某事物存在的合理性大于不合理性），他的父母大概率对他非常严格，所以也就造成了性格层面的压抑。在进入军校后，他暂时远离了父母，所以放飞了自我，很快就和教官产生了剧烈冲突，甚至几次把教官打住院。当时他也恰好处于青春期这一最混乱的心理阶段。根据精神分析学派心理学家埃里克森的人生八阶段理论，青春期的人需要面临自我同一性和角色混乱的冲突，如果感到自己"获得同一性"的可能被剥夺，则会产生巨大的反抗力量。现在有些年轻人会经常说"累了，毁灭吧"，则是把自己压抑的冲动转化为对毁灭的期待。最大的毁灭当然就是让世界和自己同时灭亡。

"当时我和教官打了一架，把他打伤了，这好像是我第三次打伤教官。头两次受了些处分，第三次校方说保不了我了。校方开除我的理由是，说我有急性短暂性精神障碍，我可不承认！我没病，有病的是他们！"提起这事，虽然已经过去了近十年，枪枪依旧捶胸顿足。

什么是急性短暂性精神障碍？举个例子，曾经轰动全国的"南京6·20特大交通肇事案"中，宝马车主王某撞死二人后逃逸。南京脑科医院司法鉴定所对他进行分析，诊断其患有急性短暂性精神障碍。根据相关定义，它主要有三大临床特征：急性、短暂性、精神病性。急性，是指起病过程很急，一般在两周内起病；短暂性，是指病程持续时间不长，整个过程至少持续一天，一般在一个月以内；精神病性，是指以幻觉、妄想进行逻辑推理，比较多见的如被害妄想等。根据肇事者交代，在开车之前他曾经产生过一些幻觉，觉得"自己被人陷害，非常没有安全感，手机里的信息好像都被人看穿"，所以才以 195.2km/h 的速度在城市中飞速行驶。又有证据表明，肇事者平时就是一个脾气急躁，动不动就对人拳脚相加的人，或许拥有人格障碍。在枪枪的案例中，这种死亡的幻觉与王某的幻觉有相似之处。

在美国，这种病的发病率在精神病患者中占 9%，而且女性的患病率高达男性的两倍。急性短暂性精神障碍的病因有很多种，常见的是由于生理因素所致，如脑器质性疾病（脑炎等）、躯体疾病、精神活性物质（酒精、毒品），是一种起病快、病程持续时间短并表现为精神病性且又找不到引发事件的精神障碍。在王某的案件中，发病的导火索就难以被找到。而在枪枪的案例中也出现了类似情况：枪枪不抽烟、不喝酒、不吸毒、不赌博、不打游戏、不和异性接触，身材既不偏胖也不偏瘦，管理得还不错。除了经常因为难以入睡而熬夜,似乎没有任何不良嗜好。因此,我更多地关注起他的心理状况来。

　　急性精神病除了生理因素之外,还有很多心因性因素。随着社会的发展、时代的进步,现代都市人的生活压力与日俱增,人口密集、污染严重、交通拥挤、住房困难、人际关系紧张,这些都有可能成为焦虑和紧张的因素,成为急性短暂性精神障碍的根源。但是,或许很多人都不知道,我国刑法第十八条还有这样的规定:间歇性的精神病人在精神正常的时候犯罪,应当负刑事责任。尚未完全丧失辨认或者控制自己行为能力的精神病人犯罪的,应当负刑事责任,但是可以从轻或者减轻处罚。因此,枪枪的经历中,当时他是否真的处于精神失常状态,还需要慎重研究,才能得出公正的结论。枪枪一再强调,当时虽然他非常生气,但是依旧思维在线。

　　"你已经超过了18岁,可能会面临起诉。从某个角度讲,把你当成病人对待,这样没有进入司法程序,是不是也成了一件好事呢?"我试图让他找到事件中积极的一面。

　　"可是我觉得,被贴上精神病的标签,可比进监狱要难受多了,一天是精神病,终身是精神病,杀人诛心,这简直是杀人诛心啊!"枪枪愤愤不平,"如果我有罪,请让法律惩罚我,即便我被抓起来,还可以从某些角度当个英雄,哪怕是江湖好汉那种反英雄也行,可是现在的我,却被大家当成疯子!"

"我想了解一下你的经历,到底是什么让你发那么大的脾气呢?能和我讲讲吗?"我开始使用心理咨询的具体化技术。许多来访者喜欢单纯讲述事情而不讲述自己的感受,当然也有像枪枪这样喜欢强调感受而忽略介绍事情的。用上具体化技术可以帮助来访者将模糊的问题具体化,清晰准确地表达他们的观点以及他们所用的概念、所体验到的情感以及所经历的事件。

枪枪仰头望着天花板,好像在回忆什么:"当时我们都学英语,我也给自己起了英文名。我很喜欢父亲给我起的本名——枪,可以是长杆尖头的冷兵器,也可以是火器,但是我更喜欢作为火器的枪。所以我的英文名就叫Gun-Gun。可是,这么好的一个名字,竟然被他们用拼音,喊成了'滚滚'!"他说完后,非常认真地看着我,仿佛在确认我是不是在笑话他。如果我此时没忍住笑出来,他大概率会一拳打过来。

"我的名字可是枪!杀人于无形的枪!可是他们却笑话我的名字像是熊猫!"接着枪枪告诉我,本来他是一个预备狙击手,可是由于情绪问题,成绩也越来越差,最终和狙击手资格失之交臂。

枪枪所遭受的问题,可以被称为校园暴力,但是我进一步了解发现,枪枪受到的主要是语言攻击。美国心理学家巴斯(A. H. Buss,1961)认为攻击有三大类指标:身体—语言、积极(主动)—消极(抗拒或回避)、直接—间接,这样攻击就有八种组合模式。枪枪被当面喊出侮辱性的外号,这是典型的语言积极直接攻击;而身边那些没有羞辱他也没有为他出头的人,则符合语言消极间接攻击。对儿童的调查研究表明,在小学期间,男孩开始逐渐偏好身体攻击,而女孩多偏好语言攻击。美国心理学家哈吐普把攻击按照动机分为敌意性攻击(敌对性攻击)和工具性攻击,有时这两种攻击的边界并不清晰,例如手刃敌人会给某些当事人带来巨大快感,这到底是敌意性还是为了快乐而进行的工具性攻击,就不好说了。

枪枪所在的环境相对封闭,容易形成某种"传染性"的风气,当一个人叫他外号的时候,其他人很容易跟风叫,这样很快周围人都叫他"滚滚"了。这些人或许并不是出于敌对情绪,而是单纯地觉得这种称呼好玩,而且也是"无伤大雅"的事情。但显然对于枪枪来说,这种玩笑很重。根据枪枪的描述,他周围的人都一致认为他因为被叫外号三次打伤别人,是"小题大做"的行为。而他之后多次假装自杀或描述自杀的举动,更在许多咨询师口中坐实了他"有精神病"的嫌疑。

不难推测,枪枪的父母并没有给他合理的社会支持。社会支持是指来自于他人的心理支持,不仅仅限于社会层面的支持,也包括家庭、学校和其他亲友关系等。有研究显示,社会支持度高的人,往往心理问题更少。在简单的心理疏导没能满足的前提下,枪枪的怨念积攒起来,最后成为一种破坏性的力量。不过枪枪的攻击性有些罕见,它可以被理解为一种假装残害自己来示威的行为,也就是假性的身体消极直接攻击。

"咱们终于说到正题了,为什么我会形成这种奇怪的行为,之前帮我分析的人都无法解释,最终的结果只能是:我有精神障碍。还有的咨询师说我有表现型人格障碍,说得我跟蝙蝠侠的对手小丑似的。"枪枪好不容易情绪稳定了一些。

"表现型人格障碍的人,一般行为非常戏剧化,他们分不清演戏和真实生活,而且他们的情绪变化很快,无法深入注重细节。他们也不会认为自己是非常不幸的,大部分都认为自己非常受大家欢迎。"我稍稍解释了一下,并且告诉他,他现在自知力还比较完整,大概率不是表演型人格障碍。

"这也不是,那也不是,那我到底是什么问题呢?"枪枪的眼神有些期待，又有些挑战的意味。

"好，现在是还原真相的时候了。"接下来我结合原生家庭、社会支持和关键事件的影响，来大致推测出这段故事的原因：

枪枪的父母忙于工作，一直对枪枪的情绪照顾不够，但同时也对他要求非常严格，枪枪也没有机会养成任何可以发泄的习惯。枪枪没有办法纾解自己的压力，只好将其升华，变成一种情怀，所以对于父母对他"好好当兵"的期待非常看重。由他之前周围的气氛可以知道，枪枪在学校的人缘并不好，所以我推测他只好用大量的时间来锻炼身体，以实现他成为优秀士兵的梦。但是压抑始终存在，它就像是一个吹得过胀的气球，轻轻一碰就容易爆炸。而在大家眼中，枪枪一定是那个人畜无害的存在，甚至是大家心中的"受气包"。于是在某一天，枪枪把教官的"攻击"变成了导火索，打伤了教官。我们不知道住院教官是被他一招打伤（这个概率很低，且大抵可能是一下打断了肋骨），还是和他单挑一阵后被打伤，总之，由于他平时非常注重锻炼，所以教官惨败，而枪枪并无大碍。学校肯定对枪枪做出了处罚，比如在全校师生面前念检查或道歉信之类，枪枪虽然心里不服，但是依旧做了，并且在接下来一段时间内表现良好，甚至比普通学生更逆来顺受。因此大家逐渐在几个月后相信他已经彻底"被改造",于是他们又继续放肆起来。面对这种"好了伤疤忘了疼"的行为,枪枪积攒的怒气再一次爆发,又打伤了另一名教官。这个教官一定觉得自己的战斗力比之前的那位强很多,最开始没把枪枪放到眼里,甚至可能主动挑衅枪枪和自己动手。结果这位教官也受伤住院。枪枪再次受到处罚,可能依旧是做出一些样子给全校师生看。于是枪枪学会了一招:只要演得好,别人就会相信,然后不知不觉走进自己安排的故事当中。果然,几个月后,大家再次相信枪枪不可能再次打人(之前的两次大概率不是在众目睽睽之下进行的,许多人甚至怀疑"受气包"实际上是替人背锅,所以一开始就不相信),于是又一个教官走进了枪枪构建的故事,再次扮演了导火索的角色。这一次,校方认识到了严重性,于是枪枪被开除了。

  枪枪的父母一定会严厉批评枪枪。为了应对这些来自父母的"不能还手的攻击",枪枪选择了另一种表演方法——假装自杀,这让他在父母面前受到了史无前例的关注,也获得了巨大的满足。接下来就有了两种可能性:一、他的父母可能在他几次表演之后知道他并不会真的实施,所以减少了对他的关注,任由他自谋生路;二、他的父母非常支持他去找咨询师,所以多次送他去看心理医生,他逐渐发现自己有可能被确诊为精神病人，那样就会被送入精神病院而彻底失去自由，于是他假装十分愿意配合心理咨询，逐渐让父母相信他会自己单独去找咨询师。然而单纯的咨询过程会有些无聊，或许也为了咨询能变得长程，他要尽量让自己显得严重一些，所以多次假装自杀，久而久之形成了习惯，他本人看到被吓坏的咨询师们，也会觉得非常"有趣"，因为此时自己就是事件的主角，自己的谎言也得到了认同。对于枪枪来说，这种认同是一种莫大的关心，比完全得不到社会支持的状态强得多。而枪枪构想的都是快速且暴力的自杀方式，只有这样才能用最快的速度吓人一跳，快速把人引入情境中。只是有些想法过于缺乏操作性，就只能停留在想象中。为了有更多吓人的方式，他便习惯性地不断思考类似的死法。

听了我的推演，枪枪深深吸了一口气："我想，你的第二条推测是正确的。就好像那些同学和教官喊我外号会觉得好玩一样，我渐渐也觉得假装自杀是一件很好玩的事情。"

"这背后有一个重要的动机是：你希望被看到。只要你自杀，你面前的咨询师就会停下手中的所有工作，来关注你。关注本身就是一种爱。"

"可是在学校受到的关注并没有让我感到爱，反而是鄙视、嘲笑等各种恶意，我发现我成了一个玩物，不被当成一个平等的人，受到尊重和对待。我知道很多人可能也没有恶意，只是模仿其他人。你可能在学校也见过，一个人说我，其他所有人都跟着说我，模仿的力量真强大啊。"枪枪把手指放在嘴边，仿佛要抽一根烟，但是他又发现自己并没有香烟。

"模仿久了，就形成了习惯。之后人们就不会太关注它的成因了，而是当成自然而然的事情。"我接下来向枪枪解释了习惯的力量：一种经过多次培养形成的条件反射，也就是神经连接。在脑内形成神经连接后，会将事件A和事件B联系在一起。在枪枪这里，显然把许多有危险的事件都和自杀冲动联系在了一起。

"所以我也模仿了身边的人，做一些出格的事情，以获得关注……不论当一个英雄，还是个反派，总之成为了话题的核心。"枪枪长叹了一口气。

"你模仿了谁呢？"

"我们学校有个教官，一直在找机会挑战我。虽然我第二次伤人之后，学校里已经几乎没人敢惹我了，但是他却一而再再而三地让我难堪。现在想想，可能他也非常希望受到关注，所以冒险做了一些出格的事情。"枪枪回忆着说，"直到有一次，他在一次聚会上让我下不来台，还笑得十分放肆，我们当时都喝了一些酒，我就抄起桌上的大棒骨，打在他的下巴上，他当时就粉碎性骨折了。周围的人都吓傻了，开始还以为我们是开玩笑，足足两分钟之后，才发现他已经不能说话。大家还以为是皮肉伤，就扶他回屋睡觉，第二天早上发现不对劲，才把他送到医院。我后来才知道，其实他的颈动脉也受损了，要不是就医及时，很可能送了命。我差点杀了一个人。"

"于是你发现，那个差点被你杀掉的人，受到了非常多的照顾。所以你开始了模仿，是吗？"我这次用了封闭式的提问来检验我是否猜得对。

"是啊，这么想来，我学坏了啊。为了多被关注一些，我容易吗？"枪枪有些哭笑不得。

"你想要被关注，其实并没有错啊，只是假装自杀的方式可能会对他人造成过度刺激。万一我有心脏病，你这次可是就间接致人死亡了。"我先肯定了他的内在需求，但是否定了他的方法。

"我之前希望自己能成为兵王，在练兵竞赛中得冠军，现在也不可能了，我都这么大年龄了，现在还能做什么呢？"枪枪有些迷茫，还有些期待。看来找工作这件事对他来说很头痛。

"你之前尝试过升华你的压力，可是单纯地升华很难，所以你无法坚持下去。你现在首先需要找一些健康的发泄口来释放自己的压力，逐渐形成一种新的习惯。在你逐渐变得放松之后，如果你真的喜欢表演，不妨加入一些心理剧或表演爱好者的团体。"我向他介绍，"不过你要意识到，在表演中，即便你受到了抨击，也仅仅是对角色的抨击，而不是你这个人。"

"我可能……需要一个新的模仿对象了……我之前一直模仿我父亲，可是我们见面的机会太少。现在我有些羡慕你，可以解决这么多问题。你会觉得我模仿他人是很愚蠢的行为吗？"枪枪有些不自信。

"模仿是社会学习的重要内容，我们大部分人都是在模仿中学习的，包括我们平时的衣食住行、对社会规则的学习，模仿无处不在。如果你愿意，我可以提供一些比较健康的生活模式范例给你，不过这是个很大的话题，我们需要先从一个小处开始。"

我给枪枪的第一条建议是：认清自己的需求。当自己有某部分需求的时候，就找相应的容易实现的地方。想吃就去餐厅，想看书就去图书馆，想被关注就去可以对爱好者开放的舞台。

枪枪很满意这个答案，但是他显然还有想问的。

"至于将来找工作的问题，我的建议是先处理好自己的状态,那时候我们再一起来分析一下你的个人特长,你期待的工作内容和地点等,这就是另一个咨询议题了。好消息是:你能想到找工作,说明你有向上的力量。既然你有了目标,那么下一步就是考虑如何行动,有目标的行动就会离成功越来越近。"

心理学界一直有悲观与乐观之争:弗洛伊德一直强调,人类有死本能,作为一种动物,人也天生拥有巨大的破坏力,所以人会相互攻击,也包括自我攻击;而人本主义心理学则认为,人也有向上的动力,期待能够自我实现。从积极的角度讲,那些胡闹的人,只是向上的动力偏离了方向,只要我们稍稍加以辅导,就可以让他产生改变。攻击通常伴随着愤怒的情绪,而愤怒的根源往往是需求没有被满足。所以,就像黑寡妇能平息绿巨人的怒火一样,不计成本的爱才有机会安抚人心中暴躁的本我。

人的双手能创造新的世界,也能打碎世界,如何使用自己的力量?我的想法是,在没有遇到抉择时,就多提醒自己,形成一个劳逸结合的正向习惯。有了准备之后,才能在危机中应付自如。

Case 13:
木僵——失去意识的女孩

Case 13：木僵——失去意识的女孩

这次的来访者，代号"小玲子"，25岁，是一个女程序员。小玲子的主诉问题是：最近经常莫名其妙地失去意识。

"你有去医院检查过吗？"看到这样的问题，我首先要排除器官病变。

"这个，我体检的时候各项指标都正常，而且这样的问题不能去医院检查啦。"小玲子有些不好意思地说。

看到这里我基本已经懂了，为了让她对我说出更多，我使用了"读心术"："这个问题应该是和男性有关吧？"

"确实是这样的，你怎么知道呢？是偷偷调查了我吗？"小玲子很好奇。看来这次的读心术起效了。所谓读心术，和福尔摩斯的演绎法原理相同，是根据某些现象来推测成因，因为某些现象大概率对应着某些原因，因此成功率很高，但是不保证每次都管用。在我的职业生涯中，大概有3%的失误率。这个失误率虽然在统计学上算是严重的，但是在现实中却比大部分碰运气的行为靠谱得多。

"医院中人太多，而且医生不会给你很长的时间听你讲述过程，你要说的这个问题一定是又长又难以启齿的。当然，违法行为也符合这一特征，只是没必要通过心理咨询来答疑解惑。所以我推测一定是情感方面的事情。"

"那也有可能是和好闺蜜吵架之类的呀……"小玲子仿佛在自言自语。

"你刚才脸上浮现出红晕，眼神躲闪，是比较典型的害羞表情。这显然不符合与朋友吵架这种情况。"

"那有没有一种可能，我的小问题不是因为一个男的，而是因为……因为……"小玲子脸上的害羞表情消失了，取而代之的是一种倔强。

"你想说有没有可能是一个男孩子气的女性，你对女性产生了类似情侣的好感，却无法表达，是吗？"看到小玲子有点结巴，我替她说了出来。

小玲子点了点头。在通常的咨询中，替来访者说话这种行为是不提倡的，咨询师（尤其在咨询前期）最需要做的是认真倾听。但是我对这个案例要特殊对待一下，当一次推土机，让咨询的进度快一些，因为小玲子提到多次失去意识，可能涉及被下安眠药的犯罪行为。

"你是程序员，遇到女性同事的概率本来就比较低，所以遇到有魅力的假小子概率也不高。而且就算这个成立，同为女性，你们接触起来也会比男女之间少很多隔阂，不至于像你现在处于一个无法前进的状态。而害羞是一种让人'止步不前'的情绪,你在说到假小子的时候害羞感也消失了,所以我推测你的问题应该是和一个让你仰视的男性有关。"

"老师,您太厉害了,有您这么专业的咨询师,我就放心了。"小玲子非常开心,所以这次快速拉近咨访关系的行动,成功了。

"所以接下来需要你尽可能多地告诉我相关信息,我知道的越多,越能够帮助你。"

"好的,我的男友们是4个高学历的男士。"

"等等,是4个吗?"我想确认一下她的问题。

"是的,4个,不过不重要了,现在我最关注最后一个。"小玲子丝毫不觉得自己的故事有什么不寻常,"我想了解的是,高学历的男士通常有什么爱好,怎么样才能够搞定这类人。"

"这个问题似乎有些宽泛啊,人类的许多爱好都是相通的,比如美食、音乐、体育、游戏、宠物等,这似乎和学历高低没有太大的相关性。"我对她解释,"你最好还是详细介绍一下你身上发生的事件。"

小玲子低头拨弄了一下自己的手指,似乎在鼓起勇气,经过一番稍微有些激烈的思想斗争,她终于告诉了我大致的故事。原来，最近她在网上相亲，择偶标准是高学历男性。一个月之前认识了男士 A，聊了一周后见面，根据她的描述，"双方都互相有意思，属于一见钟情"，A 邀请她去家里坐坐，她随男士回家后晕倒，醒来后发现已经发生关系，之后男士 A 借口她作风不好，拉黑了微信。马上她又认识了男士 B，发生的事件如出一辙。男士 B 消失后，她再次遇到男士 C，再次重复"上门—失去意识—发生关系—男士消失"这一循环。本周她遇到了男士 D，发生了同样的事情，不过男士 D 只是变得不太热情，目前还没消失。听了小玲子的故事，我的第一反应是最近某个见不得光的圈子里流行一种迷幻药物，这需要及时报警。可是小玲子又说自己其实没有完全失去意识，只是身体动不了，成了一种任人摆布的状态。于是，觉得自己吃亏的小玲子决定找到我帮忙"反杀"。很显然，这超出了心理咨询的范畴。遇到这种问题，咨询师需要想办法把焦点集中在来访者本人身上，但是来访者一定会不断跑题，希望把话题转移到其他人身上。困扰中的当事人没考虑到："谈判是需要本钱的。"一个人通常很难通过纯粹的心理学技术来说服他人，而说服自己会更容易一些。

"我看过您的网络课程，了解一些表情相关的知识。我发现男士 D 见到我的时候很害羞，这说明他是个老实人，所以我觉得他对我的态度变化，应该和之前三个不同，所以我相信一定有破解的方法。"她撩了一下头发，似乎此事只要我稍加点拨，她便十拿九稳。显然，这次她成了"纸上谈兵"的代名词。表情是人脸上表现出来的情绪，人非常容易控制自己的表情，而难以掩饰的部分是细微而短暂的"微表情"。稍有社会经验的人控制表情并不难，小玲子显然混淆了概念。

"如果他是演出来的，或者他之后马上就不害羞了，你可能也看不出来。你有没有听说过库里肖夫效应？人在很多时候容易误会……"

"不会的，我看人很准。"小玲子用毋庸置疑的语气说道。

而事实是，我做了多年的咨询师，都不敢说自己看人很准。心理工作者和普通人相比，并不会快速凭直觉给人贴标签，而是学会寻找某些指标进行观察、归纳、分析，从不在资料收集不齐的时候进行简单且确定的评价。人类的不同动机可以导致相同的行为，同理，不同的行为也可能有相同的动机。

"如果你不介意的话，我想向你介绍一个心理效应，以便你可以更准确地对他人进行心理分析。"说服别人必须要站在"利他"的角度，这样一来，小玲子接受了我的建议，于是我向她解释了表情分析中的一个"陷阱"。

1918年，年仅19岁的苏联电影工作者库里肖夫在剪辑电影的时候无意中发现了一个奇怪的现象——他把演员莫兹尤辛面无表情的镜头和其他镜头分别剪辑在一起，例如与一碗汤、游戏的孩子和老妇的尸体接在一起，形成三段不同的短片，观众在观看后，却对相同的表情做出了不同的解读：面对汤时，演员是在沉思；面对玩耍的孩子时，演员展现出了慈爱；面对去世的老妇人时，演员是陷入悲伤之中。之后，观众们大赞莫兹尤辛的演技之高。由此可以得知，人们在解读他人表情的时候，往往有极高的主观成分。观众往往会把自己的想法和情绪投射到角色上，由此才为演员的表演赋予了更多的情感成分。所以在现实生活中，当事人体会到他人情感，很多时候只是当事人想象中的情感，源于自己的内心世界。在小玲子的案例中，小玲子自己对于和男士见面感到欣喜，于是也赋予了对方非常正向的期待。

"所以你对我的建议是，不要对人产生先入为主的意向，凭借自己的主观臆断，给人贴标签，这样容易吃亏，对吧？"小玲子似乎在思考，但是她说完之后突然脸色一沉，"好了，我知道了，谢谢您的教诲，我不需要咨询了，再见！"

看到小玲子抬腿就走，我连忙说："我们这里是不退费的，即便你现在走了，剩下的费用也相当于扔了。"小玲子听到后果然迟疑了一下，我接着说，"你现在的问题是有解法的，而且不难。"

小玲子听了之后，重新坐回了椅子："既然你这么诚心地挽留我，我也就大发慈悲地留下来吧。"然后一副"请开始你的表演"的神态。

"还有一件事情我想了解一下：你说你四次失去了行动力，能向我描述一下当时的具体情景吗？"我用具体化技术想探索清楚事件。

小玲子张嘴想说，但是张了几下之后还是没说出来，最后她憋出一句："对不起，我想不起来了。"那表情就像是告诉我：就这么多信息了，你看着办吧。看来当时确实发生了一些不方便说的事情。这种情况，我们称之为"阻抗"，来访者之所以不配合，归根到底是还没有建立好高度信任的咨访关系。新手咨询师遇到这种情况往往会非常焦虑，其实这也是非常常见的情况，甚至可以说是心理咨询的常态，大可不必将其视为咨询杀手。我们此时只需要配合来访者的节奏，允许她表达或伪装各种负面情绪，信任是一个过程，达到"火候"之后来访者自然会说出真相。即便到最后她也没有彻底敞开，只要她感觉到自己被理解和支持,也依旧可以达到治愈的效果。

现在我们可以得知的是,由于小玲子遭遇了难以描述的事情,所以她的身体失去了控制。即便她没有具体描述,我也大致能猜到。所以此时我选择维护她的隐私。

此时的小玲子,在不愿意透露情况的前提下,依旧希望能听到咨询师的合理分析,这当然难不倒我。根据她的描述,当时她的身体出现了"木僵"症状。木僵并不是一种特定的病症,而是很多精神类疾病都会出现的症状。就像"胃痛"本身不是病的名字,有可能是胃炎、胃癌、胃穿孔、异物刺激等引起的。木僵也可以见于器质性脑病、精神分裂症、抑郁症、癔症和急性应激反应。木僵出现时,当事人呈现出一种高度的运动抑制状态,常常保持固定姿势,但一般没有意识层面的障碍,还会保持各种神经反射。木僵时,人会停止说话、饮食和运动,解除后常常可以回忆起木僵期间发生的事情。

木僵一般会持续数周甚至数个月,某些患者会在充满古怪动作的"兴奋冲动"和"木僵"两个状态之间来回切换,就像机器人随着开关指令运转。好消息是,小玲子显然没那么严重,她的思维尚属于清晰范围,没有精神类疾病,甚至连急性应激反应都没有达到。因为急性应激反应最显著的症状是:创伤性体验不断重现、回避与麻木、高度警觉状态，同时会伴随有意识不清晰、不真实感、睡眠障碍等。外部表现为：心跳过速、面红出汗、情绪爆发等，而且会持续一到三周。现在的小玲子明显情绪是可控的，也没有出现高度紧张，甚至还有些破罐子破摔的摆烂状态。

"你想说的就这些？那我到底是什么问题，你还是没说清。"小玲子斜着眼睛看着我，仿佛是个在审问嫌疑人的女警察。

我接着告诉她：木僵有很多种，常见的包括紧张性木僵、抑郁性木僵、器质性木僵、药源性木僵、心因性木僵等。小玲子没有精神分裂症状，所以不属于紧张性木僵；也没有抑郁的心境障碍，所以不属于抑郁性木僵。经过讨论，她也没有器官病变和药物滥用的历史，所以器质性木僵、药源性木僵也可以排除。所以，经过排除之后，真相只有一个：那就是心因性木僵。这种木僵通常维持时间很短，可以自行缓解，又叫心因性瘫痪或心因性麻痹，程度可重可轻，多见于癔症患者，但并不表示普通人不会得。

"好了，症状的名字知道了，那么我为什么会有这种问题呢？"小玲子的态度好了些，但是依旧像是一个女主人在对仆人说话，还是对那种下等仆人。

"之前我们说，心因性的木僵有可能是癔症的并发症，虽然不一定是已经确定的癔症，但是我推测基本原理大致相似。而癔症这种病，通常是压抑造成的。你能谈谈生活中给你造成压抑的事情吗？"我再次把话题引到了她身上。

"什么压抑的事情，我不知道。"小玲子把头向斜上方仰过去。这看似是个非常高傲的表情，但实际上依旧是不合作，这样她就不必和我有目光接触。

"我想帮你找到原因，解决你现在的问题，可是如果你不配合的话，我们只会把时间浪费在内卷上。我们是一个team（团队），是连在一起共同对付你的难题的。"我再次尝试拉近关系，"你在这里说的话都是会保密的，既然你来了，请让我帮助你。"

"你该不会……喜欢我吧？"小玲子脸上浮现出一丝得意。

"我不是个会轻易喜欢人的人。不过你总让我觉得，不能丢下你不管。"我只能回答出一个模棱两可的语句。

这句话让小玲子获得了很大满足感，态度也没那么高冷了："即便你看上我了，我也没那么容易答应你。因为我现在的目标男士是一个高富帅的博士。可以说，他满足了我所有的对于另一半的期待。"确实很多女士都会这么说。

看到我点了点头，小玲子又继续说："当然，只要条件合适，我不希望把自己打造成一个不好追的女孩子形象。我听过你的课程，也懂得给对方释放信号。所以我们第一次见面就接吻了，这是一个好兆头。我俩一见钟情，一拍即合。只是这次之后，他消失了，偶尔回复信息，也是说忙。"她似乎为自己的"战绩"颇为得意，然后问我，"你说这是什么原因呢？"

"他已经告诉你了，是因为忙，可是你好像不信。"我顺着她的话语推测她的观点。

"对，当然不信！因为见面之前他给我发了很多微信，很热情。"

"可是这么好的男士，怎么会说谎呢？"我接着从她的逻辑出发来问。

"所以我就不懂了，请你分析一下。"她又恢复了那种挑衅的神情，仿佛知道这道题无解，故意要难为我一下。

我顿了顿，看着她的眼睛说："当你排除了所有的不可能，最后剩下的不论多离奇，都是真相。"

"所以真相是？"小玲子仿佛要脱口而出什么。

我用眼神示意她说出来。

"真相是，他骗了……我？"小玲子满脸不接受的表情。

"一个人永远无法完全知道另一个人怎么想，但是可以通过总结他的行为模式来判断他的动机和行为。"

"说人话！"小玲子有些不耐烦。

"简单地说，就是别管他怎么说，要看他怎么做。他的行为就像函数曲线一样,我们可以大概预估出他的下一步行动。"我耐心解释。

"照你这么说,他现在对我不好,以后就一直会对我不好,是吗?"小玲子有些不服气,"你这是犯了机械唯物主义的错误啊!事情总是会变的。"

"你说的没错,事情总是在变化,可改变的前提是受到新的外力干扰——根据牛顿第一定律:任何物体都要保持匀速直线运动或静止状态,直到外力迫使它改变运动状态为止。可通过你的描述,你一直在任由对方牵着你走,所以事情也仅仅可能会按照他的意愿发展。"我用小玲子关注的哲学观点来进行类比。

"老师,你可能不知道,虽然我总是被对方牵着鼻子走,但是我实际上希望对方能替我安排好一切。"小玲子的样子好像是在为自己许愿。

"现在你也知道了,这个愿望不太好实现,至少目前不太好实现。"我看小玲子似乎有些想哭,把纸巾盒朝她推了一下。

小玲子突然放声大哭起来,随即说出一句:"我从来没遇到有人能这么宠我。"她说的可能是那几个男士,也有可能是我,总之,她非常容易放大对方的好意。

能这样愿意相信别人的人,一定非常缺爱。因为潜意识里有个奇怪的概念：坏关系也比没关系强。

我等她哭得差不多了，递给她一杯水，接着问："看来这些年，你吃了不少苦，如果可以的话，请你跟我说说吧。希望这样能让你好受一些。"

于是小玲子开始诉说自己的"血泪史"：她的父母都是高级工程师，总是希望她可以继承父母的事业。可是小玲子骨子里是个文艺女青年，喜欢看三毛、张爱玲、琼瑶等作者的小说，也希望自己能写出好的作品。在父母眼中，小玲子看的那些文字，都是洪水猛兽。父母会经常给她布置许多数学题，来锻炼她对"数字的感觉"，虽然她的理科成绩一直不错，但是她始终没有忘记自己的文学梦，总是偷偷摸摸地看小说，也尝试自己创作。在高中的某一天，母亲发现了她写的爱情小说，当场撕个粉碎，同时罚她做了100道奥数题。小玲子也是个倔强的人，不论被处罚多少次，还是会偷偷写。父母便陷入了和小玲子长期的"斗智斗勇"中。每次看到小玲子似乎在写东西，就打断她手头的事情，让她做家务，一边做一边和她聊学习的事情，或者直接叫她过来算几道数学题。写东西不怕遭到反对，就怕没有整块的时间，父母这招果然管用，后来小玲子什么像样的东西都没写出来。

"他们扼杀了一个作家。"小玲子擦干眼泪，摊了摊手，

"从此文学史上少了光辉的一笔,他们这行为是要给世界人民谢罪的。"

"我很理解你的压力,这听上去是非常遗憾的事情,现在你已经一个人生活了,还想写东西吗?"

小玲子想了想说:"我想写,但是我发现,如今我脑子里全是数字和代码,已经编不出精彩的故事情节了,但是我尽量每次写东西的时候都文艺一些。之前那几个男士在交友网站上看到了我写的心情日记,觉得非常喜欢,所以才约了我。"说着小玲子拿出手机,给我看她在网上发布的一则小短文,题目叫《好想有一双手可以握紧》。其他还有几段类似的,都是表达一个意思:我现在很寂寞,我期待的良人在哪里?怪不得那些男士会把她当成下手对象,这让我想起了《诗经》当中的一句:"野有死麕,白茅包之。有女怀春,吉士诱之。"

"我想,是你把自己展示得太多了,所以他们抓住了你的喜好,而你并不了解他们,反而以为是一见钟情,其实只有你单方面这么觉得。通过他们的行为来看,要么他们一开始就是动机不纯,要么就是感情来也匆匆去也匆匆不能持久,你觉得哪个推论更靠谱?"我看小玲子的状态已经恢复得不错,便说出自己的推测。

"我觉得都不靠谱。一定是我哪里做得不好,才让他们都这样对我。如果一个人这样,那可以说是我遇到了坏人,可是四个人都这样,那就说不通了。"小玲子摇着头说。

小玲子目前还在用好坏的二元论道德观来给人贴标签,可是现实情况是我们大部分人,都是介于好坏之间的。所以每个人都要学点法律,也都要签合同,从来没有哪个人,因为他是好人,所以大家都相信他的话,不需要签书面合同。小玲子的思想还在她的潜意识中烙下了一个概念:希望有好人发善心满足自己,自己即便什么都不做,甚至什么需求都不提,也有人上赶着把好吃的喂给自己。之前我们也解释过,这种想法按照温尼科特的观点解析,源于婴儿期的自恋。随着成长,这种自恋会渐渐减少,但是依旧会带入到成年时代。毕竟由于本我的存在,完全在心理上长成大人的个体并不多。

可惜的是,由于长期被父母的数学题"进攻",无法做自己想做的事情,小玲子的早期自恋压抑得太久了,也没有得到过正常的疏导,所以在相亲的时候,就被对方几句好听话勾得一下子喷涌而出。

"你说得好像有道理……"小玲子难得赞同了我一次,"可是依旧没有解释清楚,为什么我当时会动不了。"

"这次时间已经到了,我们可以在下次的咨询中深入剖析一下——神经是和潜意识密切相关的,而潜意识的内容需要我们自己寻找，并且把碎片化的东西联系在一起才能还原真相。"

当天晚上，我又和 M 老师约了一次饭。M 老师是那种心宽体胖的人，但是丝毫不油腻，看他吃饭简直是一种痛快的享受。我看他一边大快朵颐，一边聊起了最近接触的案例，当然，没有透露来访者的任何私人信息。

"听你的描述，她好像有些类似癔症或癫痫的症状，但是肯定没到那个程度。不过如果放任不管的话，将来会越来越严重。" M 老师一边吃菜一边说。

"是啊，就像牛顿第一定律那样，不断朝一个方向发展。但是我不能强调癔症之类的，这会让她更紧张。"我解释道。

癔症（hysteria），音译"歇斯底里"，直译过来叫"子宫脱位症"，因为古代欧洲人曾经认为它的病因是女性患者的子宫离开原来的位置在体内流动，跑到喉咙就说不出话来，跑到胃部就会胃痛。古希腊的史学家希罗多德曾经记载：由于性刺激或压抑过度，子宫在体内胡乱游走，导致妇女出现疯癫，要想彻底根治只能摘除子宫。不过摘除子宫实在是过于血腥，这种大手术的死亡率极高，到了古希腊伯里克利时期，被称为"西方现代医学之父"的希波克拉底发明了用按摩治疗这种病的方法。虽然此病实际上不可能和子宫脱位有关，但是这是人类开始注意到心理疾病有生理原因的开端，性压抑的判断和按摩治疗也是准确的。由于后来的欧洲气氛非常压抑，女性患这种病的特别多，直到19世纪医生依旧采取这种方法，因为按摩之后癔症确实能得到缓解。当时英国依旧是比较压抑的维多利亚时期，这种治疗手段非常受女性欢迎。现在人们知道这种常见于青年女性的精神病是脑机能异常所致，当然，男性也会得这种病。

M老师似乎看出来我并没有对此提出咨询方案，于是问了个问题："你不是总爱强调你的MM论吗？这次怎么不用上了。"

"您说的心理流动论——mind motivation，确实可以用来分析她所遇到的男士们，因为当时他们从不好不坏的状态流动到了占便宜的坏人状态。可是对于当事人自己，她选择了一个僵化的位置，要想帮助她，还要给她改变的动力，也就是说服自己的理由。"不用我接着说，M老师也知道这是个难题。

"她看似是吃亏了，但实际上可能她心里很高兴呢。一个人会反复做一件外人看起来不好的事情，那他一定在其中获得了意想不到的好处。"M老师又说出了他经常说的话。

哦，我明白了！原来真相一直摆在我面前。

我赶紧给 M 老师倒了杯水："M 老师，咱们从现在起，不谈案子了，谈点轻松的话题，您知道我的 MM 理论源于哪里吗？"

M 老师的圆脸上露出了略带狡黠的笑容："那不就是源于我嘛，你看，这 MM，不就是 Mr.Ma 的缩写吗？我早就知道这是我……"

"是郭嘉。"我忍不住告诉 M 老师真相，"我这个理论的鼻祖是东汉末年的郭嘉。因为我发现他作为谋士，很少在排兵布阵上出主意，可总是从对方的心理角度分析，所以总能预判到对方的下一步动向，出奇制胜。"

"期待你以后能够更加神机妙算。"M 老师说着，和我碰了个杯。

小玲子再来到我面前的时候，状态明显和第一次不一样，仿佛她要面临什么让她难堪的东西。她的高傲一扫而光："老师，上次那个问题，我不想分析了，我只想问接下来怎么办。"

"可是你如果不知道原因，也很难说服自己走下一步呀。"听我这么说，小玲子有些艰难地点了点头。

接下来，我帮小玲子做了如下分析：小玲子在平时的生活中，经常希望自己和周围的一切都在规则内运行，就像代码一样因果分明,所以她交友时非常强调学历条件。在平时和男性的对话中,小玲子也是个非常规矩的人,措辞小心到简直令人大跌眼镜,对方连问"身体有没有不舒服"都会被她判定为开黄腔,可见她的超我有多么严格。可是她没意识到的是,在她的潜意识中,本我的需求长期得不到满足。虽然本我不会浮出水面,可是却一直在暗中等待爆发的机会。

当遇到机会时,本我就冲动到自我和超我难以压制的程度。于是自我和超我索性放弃了对身体的控制权,小玲子便出现了木僵状态,本我的生理需求得到了满足,自我和超我选择视而不见。所以那段记忆变得很模糊,也不愿意被回忆重新检索出来。小玲子木僵时失去了行动能力,对于那些男士来说,大概率不会特别满意这个毫无生气的躯体,所以完事之后都选择了消失。小玲子靠木僵不仅满足了自己的本我,还完成了对父母的反抗,因此这件事在她心中形成了一个正向的条件反射,所以会一再自动化地出现。

小玲子显然不愿意在清醒的时候承认她内心中本我的存在,她有些着急地说:"我知道自己内心有个不讲道理的小魔鬼,所以我要打死它,让它以后再也不能给我捣乱。"

"等等,这就是你的一部分。人类是从动物进化来的,所以你再高尚也逃脱不了动物的本能。"听我这么一说，小玲子显得很泄气，我赶忙继续安慰，"本我也是你的人格的一部分，对你的本我好一点，它也会帮你做很多事情。我们勇往直前时，也要靠着它呢。"

"听你这么说，它就是拉雪橇的狗。"小玲子笑了。

"对，你也知道，雪橇犬这种动物，如果你不满足它玩耍的欲望，它就要拆家。之前你的4次掉线，就是它被禁锢得太久，造起反来，把你的总电缆咬断了。"我用了一个养狗的比喻，"雪橇犬本身并不适合在室内饲养，它们非常有活力，所以你如果希望它不要闹，就要经常让它把活力释放出去，而不是坚持要求它不要闹。野兽的力量比人大，早晚会出事的。"

"这么说，一切好像都怪我了。"小玲子显然不能接受这一现实，"你觉得我是那种会胡来的人吗？"

听她这么说，我继续把关注点转移到了她的原生家庭："你之所以会形成这种模式，是由于你父母当初对你的束缚太多。在他们的概念里，爱情小说是坏的，在这些信息的影响下，你每次接触到和爱情相关的东西，都会产生本我和超我的冲突。如果你希望以后自己不要掉线的话，最好先想办法满足自己的本我部分，看爱情小说电视剧也好，玩恋爱电子游戏也好，或者自己买某些大人的玩具也好，总之不要亏待自己。之后你的本我不闹了，你才能有清晰的思路面对各种问题。"

"我觉得我现在就挺清楚的，其实上周末我又去相亲了，这次的男生又叫我去他家里，不过他太丑了，我没有答应他。老师，你看我做到了。"小玲子满脸是"快夸我"的表情。

"如果你下次遇到个帅哥，还能不翻车，那才是真做到了。"我又提醒小玲子，她见到的五个男士很有可能是同一个圈子里的，他们都知道了小玲子的弱点。

"老师，你要相信我，我也相信我能做到，只要我觉得自己能做到，就是能做到。"小玲子此时志得意满。

"别把所有的重担都压在超我身上。"我提醒小玲子。

"好吧，我按照你的说法试试，照顾好本我，也照顾好超我，这样下次我应该就不会这么纠结了。"

"恭喜你终于明白了其中的道理。如果我没有解释原因，而是直接说让你先照顾好自己的生理需求，恐怕你……"

"我会对你做出很可怕的事情哦！"小玲子笑着准备站起来，又突然坐下，"对了，下次再相亲，我要怎么判断他是不是好人呢？我总怕再次被骗。"

"骗子无非是骗财、骗色。面对骗财的，你不打钱，他不能硬抢你包。面对骗色的，你不和他去封闭空间，他也不能在大街上把你怎么样。这才是从根源上保护自己。另外，你在网上发布的内容太暴露缺点，也给了居心不良的人可乘之机。"

"那我要展示些什么呢？"

"小玲子，如果你是贾某，无法在外貌上吸引异性，那就展现出自己的幽默感、仗义，一起玩耍，渐渐能产生感情。如果你是林某某，就多展示自己的美丽，如果还有一些积极向上的爱好，那就锦上添花了。"我给了小玲子最后的建议。虽然这已经超出心理咨询的范畴，但是广告心理学也是心理学嘛。

小玲子走后，我在自己的手记上写道：爱情是最美好的东西，也是能包着毒药的糖果，着急吃下的人往往会受害。只有自己先爱自己，满足基本需求之后，再用多出来的爱和他人交换，这才是不容易踩雷的爱情秘诀。在生活中，我们有很多同胞要么对自己要求很严格，活在各种条条框框中，要么希望别人能全心全意满足自己，哪怕自己不去争取，更常见的是两者都有。自律的超我要求自恋的本我来收敛，自恋的本我要求自律的超我少管，于是我们在自律和自恋的双重压迫下，脱离了正轨，出现了心理的扭曲——"难以理解"的心理怪相就产生了。

谁也无法摆脱自我和超我的约束,希望我们都能找到属于自己的平衡点,让心中的"二哈"拉着自我和超我向幸福的目标迈进。

后记：心理学的江湖中人

后记：心理学的江湖中人

心理咨询是思维的碰撞，是用整合的心理状态影响破碎的心理状态的过程。这话虽然是我总结的，却出自心理学大师罗杰斯的观点。罗杰斯认为促使来访者发生改变有六大要素：咨访双方的心理接触、来访者处于不一致的心理状态、咨询师心理状态一致、无条件积极关注、共情、来访者体验到第四和第五条。

因此，我一直认为，心理咨询的过程有些类似教授来访者武术招式。在没有习武之前，来访者完全凭本能战斗，而很多战斗技巧在现实中很重要，但都是学习后才能快速掌握的，比如始终注意保护头部、发力时用上腰胯部力量等。学会了这些招式，我们在和敌人战斗时就不会凭借本能瞎打一通，看着挺热闹，实际上打了个寂寞——就像大猩猩虽然身体条件极佳，却会在野外被比自己纤细得多的花豹杀死。

当然，江湖中门派众多，有的关注内功，也就是注重个人领悟，比如精神分析派；有的关注行动，比如行为主义派；有的关注逻辑，比如认知心理学；有的关注营造氛围，比如罗杰斯所在的人本主义派——即便没有什么明显的技术，只要够暖心也足够成为非指导性的心理师。而我本人师承于生理心理学分支，强调激素决定一切，可是这一分支强调的是运行原理，并不注重咨询，经常通过药物改变人体内的激素也不现实，所以我各派的咨询方法都学一点，用美国心理学博士克拉拉·希尔的话说，这叫"整合性助人技术"。这样的咨询师相当于综合格斗运动员，各样都会一些，但不会深入学习单一的流派。

至于杂家和专家孰优孰劣，这无法一言以蔽之。现实中也没几个综合格斗运动员敢说自己稳赢拳王的。因此，不论你是学拳击、跆拳道、摔跤、柔道、战舞还是综合格斗，只要结合自己的优势，坚持锻炼，都会取得成绩。在此引用电影《霍元甲》中李连杰的一句话："我以为，世上的武功，并没有高低之分，只有习武之人才有强弱之比。通过竞技我们可以发现和认识一个真正的自己：因为我们最大的敌人，就是我们自己。"在咨询中，我们不仅仅会用自己的技术帮助来访者，也会促进自己的心理提升。

曾经有一次，我被清华大学旗下的组织请去督导，本来想帮助大家分析一些案例，可是被问到最多的问题，却是如何调节自己的心态——看来心理咨询真的是一种费心费力的工作。我给出的建议是，站在更高的视角去审视这件事，就比较容易找到出路。就像同为罗杰斯的美国队长那样，为什么每次对决都能强行五五开呢？因为遇到比他有力气的对手，他会跟人家拼技巧；比他灵活的，他会跟人家比力气；力量和灵活性都比不了的，他会借助外援或其他工具；实在打不了的，还可以撤退或者诈降。总之，美国队长的胜利是建立在他不拘一格的战术上，真正实现了活学活用。

既然总把心理咨询和武术类比，那么心理学工作者们也无疑是江湖中人。我们会在咨询中成功，也会在咨询中失败，这是该行业从业人员的常态，谁都不敢说自己是能解决一切心理问题的"武林至尊"。即便技术很高，但是面对不肯配合的来访者，也会困难重重，就像大侦探波洛所说："每个当事人都会有所隐瞒。"

在处理心理问题时，我们可以从营造气氛、逻辑分析、深入探索几个角度入手，当然，对方有可能不配合或不理解，会让咨询师很头疼。就好像美国队长的敌人有各种不同的攻击方式，所以从这个角度讲，多学习一些不同流派的方法会对咨询更有利。

或许每个咨询师都会遇到很多看上去很奇怪的案例，也可能我只是因为运气好或运气坏而遇到很多怪案例，任何看似不合理的外显特征,背后必然有一个对当事人来说合理的解释。《怪化猫》中捉妖师"药郎"说:怪奇现象背后都有形、真、理。类比心理问题,"形"是心理问题的外显症状,以及当事人所描述的矛盾点;"真"则是心理问题的动机,也就是内心的需求和欲望;"理"则是实现欲望的方式,也是当事人自己对于负面情绪的合理解释。但是这个"合理解释"实际上是非理性的观点,这样就导致当事人的认知越来越扭曲,心理问题也就形成了。

当然,如果一个人只是给别人造成不愉快的感觉,而自己没有痛苦的体验,这就不是心理问题的范畴。如果当事人的症状足够严重,那就有可能是精神病或人格障碍——这些就超出心理咨询的范畴了。对于精神病人来说,心理咨询师只能作为一定的辅助,在他们没犯病的时候进行访谈,主要还是要靠精神病专家来治疗。而人格障碍则是性格方面有一定缺陷,更加难以治愈,虽然不是精神病,但有时候会和精神病配合出现。遇到这种来访者,就相当于武林人士碰到魔法师,还是请更符合专业的人来才好。

在书的结尾,感谢所有在书中出场的来访者,他们的身份都是保密的,以至于我也不完全了解。也请读者们不要把自己或自己身边的人代入其中,毕竟人的心理是流动的,低迷的人可能已经走入幸福,而幸福的人第二天也可能变得低迷。如果我们想站在一个固定不变的位置上来应对所有生活事件的冲击，也就是主动选择了一个"僵化"的位置，注定会出现纸上谈兵难以操作的情况。

心理问题多种多样，我们书中列举的也仅仅是我经手过的怪奇案例中很少的一部分，希望读到此处的读者们和心理学同仁们能在今后一起共勉，负能量处处都有，而心理师则是帮助你走出黑暗的手电筒。如果书中的案例能给你一些启示，或者会心一笑，那笔者就获得了如"一键三连"般的成就感，新书的更新也会越来越快。如果你或者你的朋友有难以解决的案例，不太想用过于严谨标准的方式处理，也欢迎和我聊聊。

闯江湖不易，且行且珍惜，合上这本书，战斗仍继续！

2022 年 8 月 1 日于北京